ケーススタディで学ぶ
現場の問題解決

実践

データ分析
プロジェクト
実践トレーニング

下山輝昌・川又良夫・佐藤百子 著

秀和システム

本書サポートページ

秀和システムのウェブサイト

https://www.shuwasystem.co.jp/

本書ウェブページ

https://www.shuwasystem.co.jp/support/7980html/6763.html

はじめに

　DXという言葉が2018年に経済産業省から発表されたことからもわかるように、デジタルテクノロジーによるビジネスの変革は、今後のビジネスを左右するほどのインパクトがあると考えられています。データ分析やAIが盛り上がりを見せ、今や、デジタルトランスフォーメーション（DX）も聞きなれた言葉となってきています。これらは、全てデジタルテクノロジーの進化がもたらしたものと言えるでしょう。

　そうした時代背景の中、我々は2019年に「Python 実践データ分析100本ノック」の刊行を皮切りに、「100本ノックシリーズ」としてシリーズ化させていただきました。これは、この当時、データ分析やAIが大きな注目を浴びていた一方で、現場感のある学びが得られる技術書が存在しないという問題意識から生み出したものです。シリーズを通して、「リアルな現場」というコンセプトを一貫し、データ分析やAIを現場で作れるようになるための実践ノウハウを詰め込んだ本であり、結果として、多くのエンジニアの方にご支持いただけたのではないかと感じています。

　しかし、それから数年経ちましたが、普段、AIやデータ分析などのDX推進事業の現場に身を置いている私たちのもとに、「デジタル活用が進んでいない」という声が届くことが非常に多く、「日本のビジネス環境は良くなっているだろうか？」「むしろ、成功している事例は少ないのではないのか？」という問題意識を持つようになりました。作り方が普及した一方で、「次になにを作れば良いのか」、「作ったものをどう使えるようにしていけば良いのか」のように、現状を踏まえた上での「次の進め方が分からない」ということが、今の現場で起きているのです。

◆ 本書で得られるもの

　ビジネスやプロジェクトというのは、常に状態や状況に合わせて考えていく必要があるため、私たちが悩みを解決できる絶対的な正解を持っているわけではありません。しかし、プロジェクトの進め方をサポートす

る「地図」は存在すると考え、本書を執筆しました。

　本書では、データ分析やAIプロジェクトにおいて、「今の状態状況においてなにを考える必要があるのか」の考え方をストーリーにして詰め込んだ本です。100本ノックシリーズとは異なり、「次に〇〇を分析します」のような指示や具体的なプログラムコードは掲載していません。リアルな現場感というコンセプトは大事にしつつも「なぜ、今、この分析をしようと考えたのか」「この分析をどう考えて進めていくべきなのか」という思考の流れを、データ分析やAIの設計に落とし込みつつ進んでいきます。まさに、ビジネスの現場での成功に向けて、100本ノックシリーズよりも、一段視座を拡張させるための本だと信じています。

　パソコン1台あれば、AIなどが誰でも作れる時代において、もはやエンジニアという仕事は特殊なものではなくなっていくでしょう。これからの時代、ただ作れるだけでは、エンジニアとして通用しなくなると考えています。だからこそ、ビジネスの変化が激しい時代において、常に、「なぜ作るのか？」「本当に、これを作る必要があるのか？」の視点、つまり「考えられるエンジニア」が必要となってくるでしょう。

　一方で、これまで作ることをエンジニアに任せていたプロジェクトマネージャーやコンサルタントの方も、デジタル技術が民主化している世の中では作ることから目を背けることができない時代になってきています。実際に手を動かして作ることはなくても、「作る視点」を持つことが重要であると考えています。つまり、「作る視点を持ったプロジェクトマネージャー/コンサルタント」が必要となってくるでしょう。

　私たちが日々触れ合っているお客様だけでなく、苦闘されているエンジニア、プロジェクトマネージャーやコンサルタントの方々がたくさんいるのではないかだろうかと考えています。そういう方には、是非、本書を手に取ってほしいと思っています。私たちの考えた「地図」をもって、ワクワクするビジネスを創り出す冒険の旅への第一歩を、一緒に踏み出していきましょう。

◆ 本書の構成

　本書の構成は、第1章では、社会の背景から地図が生まれるに至った経緯、地図の必要性、そして、技術の活用とは何かを説明します。続いて、第2章では、地図の中身の説明をしていきます。その後、第3章、4章、5章でケーススタディを通じて地図の使い方を説明します。第3章ではデータ分析プロジェクト、第4章ではAIプロジェクトを題材に説明します。ここでは、最低限ではありますが、設計として押さえるべき要素を説明しているので、プロジェクトを進める上で考えるべきポイントがイメージしていただけると思います。第5章では、技術的にはAIシステムに関して簡単に触れていきますが、どちらかというと、新規事業プロジェクトとして、自社のポートフォリオをどう考え、どのように事業を創るのか、に焦点を置いています。また、ここまでのケーススタディを通じて、技術以外にも重要な要素があると感じとってもらえるように説明しています。そして、最後の第6章では、「地図」を使ったプロジェクトの推進力を高めることができる要素として、プロジェクトメンバーそれぞれに求められる「共創する力」について説明していきます。

　この本は、どこから読み始めても良いし、何度もいったりきたりしながら繰り返し読んでも問題ありません。特に、2章の地図の説明は、ケーススタディを通じて、イメージを具体化していくものだと思います。そのため、ケーススタディから読み始めても良いでしょう。

　本書は、エンジニア、プロジェクトマネージャー、コンサルタントなどの役割に関わらず、デジタル技術の活用、ひいては、新規事業プロジェクトに関わっている人、全員にとって、次の時代に必要となる本になるのではないかと信じています。デジタル技術を活用したイノベーションの火を灯し続けられるような社会を一緒に目指していけると嬉しいです。

第1章
今、技術を活用するために

第2章
技術活用を推進するための「地図」

第3章
ケーススタディ①
「つくってみる」「あててみる」を
主軸にしたプロジェクト

第4章
ケーススタディ②
複数の取り組みたいテーマを
チームで進めていくプロジェクト

第5章
ケーススタディ③
強みの再発見を起点にするプロジェクト

第6章 プロジェクトの推進力を高める「共創する力」

第1章
今、技術を活用するために

1▸1 | 正解がない時代と デジタル技術の台頭

　AIやデジタルトランスフォーメーション（DX）も聞きなれた言葉となり、最近では、メタバースやNFTなどもニュースで良く耳にするようになりました。また、データを活用した人事戦略ツールや、AIを活用した営業戦略ツールなど、多くのデジタルツールのCMを目にします。これらは、全てデジタルテクノロジーの進化がもたらしたものと言えるでしょう。

　DXという言葉が2018年に経済産業省から発表されたことからもわかるように、デジタルテクノロジーによるビジネスの変革は、今後のビジネスを左右するほどのインパクトがあると考えられています。まさに、今、第4次産業革命の真っ只中であり、いよいよこれからがデジタルテクノロジーの本格的な普及に入っていくことでしょう。

　技術に携わってきた私たちとしては、テクノロジーがここまで急速に普及し、さらにビジネスを左右するほどの可能性を秘めているということは、非常に嬉しいことでありワクワクしています。パソコン、スマートフォンなどのデジタルデバイスが身近になったおかげで、Webサービスはもちろんのこと、AIでもブロックチェーンでもパソコンが1台あれば作れる時代となりました。これまでと違って、自分で必要な技術を選択し、作れる時代が来ているのです。

　今では、AIの入門書やセミナーなど、AIを「作る」方法には困ることはほとんどありません。

　身近に技術が溢れているにも関わらず、まだまだビジネスの変革という観点では企業として上手に活用できていないのが現状です。

　それは、「技術をつくる」という視点の他に、「技術を使う」という視点が足りていないからです。

技術は、つくっても使われなければ意味がありません。

変化の激しいビジネスの世界では、「なんのためにどんなAIをつくるのか」「誰の課題を解決するためなのか」「どうやって使ってもらうのか」という視点が絶え間なく変化していきます。

つまり、上記の視点を「常に考え続ける」ことが重要です。

AIやシステムの「つくり方」に加えて、上記の視点を持つことで、ビジネスと技術の橋がつながり、テクノロジーが真に活用され、ビジネスの変革をもたらすことでしょう。

本書では、「つくる」だけではなく、上記の視点を意識するための考え方を提供していきます。

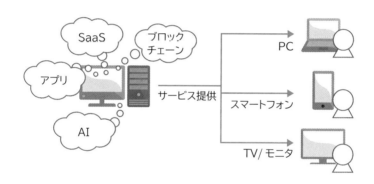

それでは、私たちは、一体どんな技術やツールを取り入れたり作っていけば良いのでしょうか。残念ながらそこに絶対的な「正解」はありません。自分たちにとって必要なものを、必要な分だけ取り入れる必要があります。ある会社にとっては、画像認識技術を取り入れて特定の業務を効率化できたとしても、他の会社では全く使い物にならないケースが出てきます。それは、会社間だけの話ではなく、部署が違えば必要なものも違いますし、極端な話、人が違うだけでも必要なものは変わってきます。

以前は、「デジタル化」という名のもとに、社内の基幹システムを構築する流れがありました。例えば、経理/発注システムを作ることで、発注

の流れをデータ化し、デジタル上で経理と連携することで、ミスが少なく、後から内容を確認することもできるようになります。この例のように、ほぼどの会社においても必要不可欠な業務を中心にシステムの導入が進んできました。この当時は作るべきシステムがある程度明確でシステムを構築することが正しいとされた、つまり「正解」と考えられるものが存在したのです。

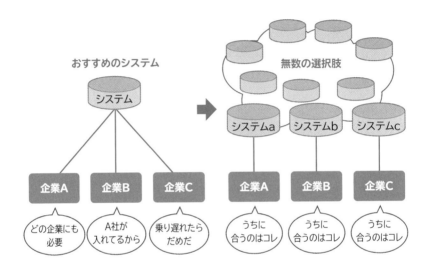

一方で、今ではこれらのシステムは、レガシーシステムと揶揄され、問題視されることもあります。クラウドが一般的になるにつれ、カスタマイズ性が向上したツールが多く出てきて、自分たちの業務に合わせた柔軟さが出せるようになってきました。社会やビジネスの変化が激しくなってきたから柔軟性が必要になったのか、柔軟性のあるシステムが出てきたからビジネスの変化が起きたのかはわかりません。ただ、柔軟性のあるシステムのように技術の選択肢が増えたことで、ビジネスのやり方を考える時が来ています。

少しシステム開発とは違った観点で例を出すと、以前は、事業を始めるときにはウェブサイト（ホームページ）を立てるのが当たり前、という暗

黙の空気が存在していました。この時は、インターネット上で認知してもらう方法は、ホームページを作るのが主な手法でした。しかし、今では、Facebook、Twitter、YouTubeなどのようなサービスがあるため、いろんな人に認知してもらうことを目的とした場合、様々な選択肢が存在します。そのため、業務の内容ややりたいことに合わせて、選択することが必要になります。つまり、自分なりに考えることが重要になってきます。

　ここで、少し社会にも目を向けてみると、同じようなことが言えるのではないでしょうか。特に、大きな自然災害の発生や新たな病が急速に拡大するなど、社会的に大きな変化を経験すると、それまで正しいと思っていたことが急に正しくなくなったり、逆流となって押し寄せてきたりすることがあると認識させられます。そう考えると、もはや「今の時代に合った正解は何か」を探すことはナンセンスで、「正解がない時代」なんだと理解し、常に社会環境の変化を察知しながら、能動的かつ流動的に、考えながら動き続けなければいけないと感じています。

　このように、社会変化も技術の発展も予測できない「正解がない時代」と、どうやって向き合っていく必要があるのでしょうか。技術の選択肢が増えていることは、悪いことではないはずですが、頭を悩ませている人も多いのではないでしょうか。私たちは普段、企業の方々からご相談を受け、主にAI等のデジタル技術の活用をテーマにしたプロジェクトに参加もしくは支援させて頂く仕事をしているのですが、そうしたプロジェクトの現場においても、やはり「正解はない」と感じることが数多くあります。DXや技術を活用した新規事業プロジェクトに可能性を見出しつつも、「正解がない」ことに悪戦苦闘している企業が多いことを肌で感じます。特に近年では、「DXや新規事業プロジェクトが立ち上がったけど、何から始めて良いか分からない」もしくは「プロダクトをつくってみたけど、現場でうまく使われない」という悩みごとを多く聞きます。

DXや新規事業プロジェクトが立ち上がったけど、
何から始めて良いか分からない

 プロダクトをつくってみたけど、
現場でうまく使われない

　この2つの悩みごとは、まったく異なることのように見えますが、実は共通の「思い込み」がネックになっていると思っています。それは「正解がある」という思い込みです。前者は「ここから始めるべき」「こう進めるべき」という正解、後者は「プロダクトはうまくつくったら絶対使われる」という正解を、それぞれ追い求めてしまっているように思えます。

 DXや新規事業プロジェクトが立ち上がったけど、
何から始めて良いか分からない

「これから始めるべき」という<u>正解は無く</u>、
その時々にあわせて「次やること」を考える

 プロダクトをつくってみたけど、
現場でうまく使われない

「絶対使われるプロダクト」という<u>正解は無く</u>、
使われない現状を踏まえ、
改善もしくは別プロダクトの検討をする

　しかし実際には、「プロジェクトはその時々の状態や状況に合わせて次やることを考えてもよい」はずですし、「プロダクトは使われない状態や状況になったとしても、それらを踏まえて改善方法や別プロダクトを検討すればよい」はずです。つまり、「正解がない」中で模索していくしかな

いというのが私たちの現場感です。どんな課題に取り組むべきなのか、その課題をどのように解決することができるのか、どんな技術を使うと解決できるのかなど、考えることがたくさんあり、かつ、1つ1つに絶対的な正解はありません。ただ、技術の選択肢が増えた今、しっかりと自分たちが取り組むべきことを考えて、迷いながらも進んでいくことで、大きな変化を生み出すことができる可能性を秘めています。

　本書では、特にAIやデータ分析等のデジタルテクノロジーを軸に、プロジェクトの進め方を説明していきますが、本来は、技術の幅はデジタルテクノロジーに閉じません。さらに言うと、「正解がない時代」にどうやって生きていくのかということは、新規事業や経営にも通じるものがあり、テクノロジーを使わないようなときにも重要な考え方や手法であると思っています。

Column ▶ 正解がない時代におけるエンジニアとは

　正解がないプロジェクトでは、エンジニアには、技術力と同時に、課題や要件を考える力が重要だと考えています。正解がないプロジェクトでは、迷いながら進んでいくことになります。つまり、明確な仕様や要件は存在しません。都度、今の状況ではどんなものを作るべきなのか、どんなことが本当に求められているのか、を模索していく必要があります。正解がないプロジェクトにおいては、言われた通りに作る、というのはほぼ成り立ちません。

　また、AIやデータ分析のエンジニア（データサイエンティスト）になるのは難しいといわれる要因の1つも、「正解がない」からだと考えられます。AIを構築するというのは、適切なデータの使い方、アルゴリズム、学習方法、評価方法などが状況によって異なり、考えるべきポイントがいくつもあります。また、それらの考えるべきポイントは、ある程度は設計できるものの、やってみないとAIの精度が分からない、ということが多く、試行錯誤が必須となります。明確に"つくるもの"を初めから決めるようなシステム開発的な考え方ではなく、AIやデータ分析では実験していく心構えが大事です。実験なので、仮説、検証（この場合AIを作って評価する）、考察、施策立案のような流れを繰り返します。考察から施策立案は、例えば、検証の結果をみて、

どのデータが特に効いていたかを考察し、その上でどんなデータを足してAIを構築し、どう評価していくのかを考える必要があります。データ分析も同様で、まず自分なりの観点をもって可視化をしてみて、そこから得られた気付きを元に、また別の切り口で可視化してみる、のような試行錯誤が必要です。「○○のようなグラフを作って欲しい」というのは、ただのグラフ作成であり、分析とは言えません。データ分析の場合、データを扱ったり可視化する技術はもちろんのこと、何を見るべきなのかを考え、都度、状況に合わせて可視化や考察をしていく、さらに施策を立案／実施するところまで、小さな試行錯誤を繰り返しながら進めていく必要があるのです。

　このように、今のデジタル領域におけるエンジニアは、開発だけを見ても試行錯誤しながらつくりあげていく力が求められるようになってきています。AI構築やデータ分析の進め方は、開発においての試行錯誤ですが、プロジェクトという単位で考えても試行錯誤のスキルは活きてきます。デジタルテクノロジーの重要性が上がっている今、エンジニアが考えたことがプロジェクトを左右する場面に出くわすことは多々あります。今の状況でどんなものをつくるべきなのか、を判断するには、技術を理解しているエンジニアが必要不可欠で、特にAIのように不確定要素が高い技術を取り扱う場合はなおさら、エンジニアの存在は重要になってきます。技術への理解を持ちつつ、プロジェクトを回せるようになれば、世界が大きく広がり、リーダーとしてプロジェクトを推進していく立場になっていくでしょう。

1▶2 「正解がない時代」における「地図」

　これまでお話してきたように、デジタルテクノロジーを用いてビジネスを変革するDXであったり、新規事業を立ち上げるような際には、まさに「正解がない」中で模索していくこと、つまり迷いながらも進んでいく旅のようなイメージが近いと思っています。旅を考える時、まず大まかな目的地をイメージします。そして旅先でも、現在地や自分の置かれた状況をみつつ、どうやって目的地に行こうかと検討しながら進んで行きます。また、いろんな人に聞きながら進めていくのも旅の醍醐味の一つですし、仲間がいれば心強い存在となり、仲間と相談しながら一緒に進んでいきます。

　これは、DXや新規事業プロジェクトでも全く同じです。はじめから「正解」があるわけではないので、大まかな目標を考えてチームメンバーに共有し、今どういう状況で、次は何をすべきなのかを検討していきます。正解の目的地が明確に存在しないので、ここまでの部分で時間を掛けても仕方がありません。進んでみましょう。進んでみると状況も変わるので、自分たちの現状を再確認し、目的を明確化したり、場合によっては変更することも検討していきます。このように、試行錯誤しながら進む際には、自分たちの場所を共通認識として持つことも非常に重要です。

　つまり、「正解がない」プロジェクトにおいては、①大まかな目標を考える、②自分たちの状況を把握する、③進んでみる、④目標や状況を常に把握する、⑤共通言語化が非常に重要であると考えています。では、これらの重要なポイントを押さえつつ、旅をサポートしてくれるものは、いったいどのようなものでしょうか。

　我々は、プロジェクトでの経験を通じて、旅のサポートには、「正解を

提示する教科書」のようなものではなく、次にやることを考えるための「地図」が必要なのだと考えました。正解の進め方がなかったとしても、「地図」があれば闇雲に進めることなく、「自分たちなりの進め方を考えることができるのではないか」という結論に至ったのです。

　皆さん、いかがでしょうか。「正解がない中で、次にやることを考える」ということが、「地図を使って旅をする」ということに似ていると思いませんか。「地図」があると、現在地を確認しながら、この地図に書いてあるいくつかの場所の中から「次はどこに行こうか？」と考えることができます。また、そんな旅の楽しみ方として、目的地へ最短距離で進んでいくだけではなく、気になるお店があるからと寄り道をしたり、歩きながら見晴らしのよい丘を見つけたので少し休憩をしたり、道を少しはずれたり、時には柔軟に計画を変えたりする楽しさもあると思います。そして、そういった寄り道こそが、イノベーションを生むきっかけになることも多いと考えています。

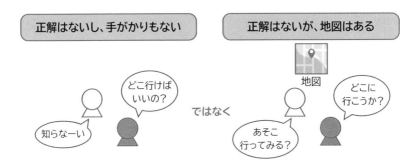

　そんな「地図を使って旅をする」ということが、私たちが考えるプロジェクトの進め方に近いと思い、正解がない中でもプロジェクトを進めやすくするための「地図」をつくりたいと考えるようになったきっかけです。
　そして、「地図」をつくろうと試行錯誤してきた結果、私たちが関わっているような技術を活用するプロジェクトの現場において、「これがある

とプロジェクトの進め方を考えやすい」と実感できるものができました。

　これから本書でご紹介するのは、そんな私たちの経験や試行錯誤の結果をもとにして生まれてきた、私たちの考える「地図」つまり「正解のない時代におけるプロジェクトの進め方」です。

　本書を読んで頂くことで、「確実な正解は分からないけど、進め方を考えることは出来る」状態になり、「正解がない」中でも進めなければいけないプロジェクトに対する抵抗感を少しでも払拭し、より高度なプロジェクトでも活躍することが出来るようになって頂きたいと思っています。

　ただし、「正解がない」という背景から出来上がった「地図」ですので、本書でお見せする「地図」が完成形だとは思っていません。プロジェクトなどを通して企業の皆様とも議論させて頂くことで、今後もどんどんブラッシュアップしていくのがこの「地図」です。ぜひこの「地図」を持ちながら、多くの方とプロジェクトをご一緒できればと思っています。

　それでは、私たちが考えた「現時点」での地図を紹介します。

アイデア創出

やりたいことに対する現状の精査

強みの再発見	おおまかな将来像づくり	ユーザーごとの「つくるもの群」の設定	「つくってみる」／ユーザーに「あててみる」（試行錯誤）	運用へのインストール

　詳細は2章で説明しますが、この地図は、大きく分けると7つのパーツから構成されています。上の2つは、やりたいことを考えたり、アイデアを創出するパーツです。この2つのパーツは、下の5つのパーツすべてにおいて関係性を持ちます。下の5つは、一見すると左側が戦略に近い話を

しており、右にいくほど開発や運用などであるため、左から右に綺麗に流れるイメージを持たれるかもしれませんが、それは誤りです。「正解がない」以上、最初に7つのうちのどこから始めても良いと考えています。

　私たちはこの地図を使って、「今どの部分をやっている段階でしょうか？」「次はどこの部分を進めていきましょうか？」という会話をしています。

　あくまで地図なので、「ここの次は絶対にこの検討をすべきです」や「この部分はこう進めないとダメです」という決まりごとはありません。地図を広げて、プロジェクトを進めるメンバー同士で、どう進めていこうかと考えるためのツールとして使っています。

1▶3 地図を使って技術を活用するということ

　それでは、本章の最後に、少し技術を活用するプロジェクトについて考えておきましょう。私たちに頂くご相談の中でも、「独自のビジネスツールを開発したい」「画期的で話題性があるシステムをリリースしたい」「データ分析基盤を作ってデータドリブンな会社にしたい」というお話はよくあります。ですが、私たちの考える「技術を活用するプロジェクト」というのは、資金を投じてシステム開発することだけではありません。もちろん、システム開発が伴うプロジェクトも含まれるのですが、独自の開発が必要ないと判断できるプロジェクトの場合も「技術を活用するプロジェクト」として一緒に進めていくことがあります。

　私たちは「技術を活用する」という言葉を、「技術の可能性を、自分たちの日常に取り入れること」と考えています。
　そのために、重要と考えているのは下記の3つです。

・技術の可能性を知ること
・その広大な可能性の中から自分たちに合ったものを選択すること
・日常に落とし込むことまでを見据えて試行錯誤すること

　これらの意味を持たせて、「技術の可能性を、自分たちの日常に取り入れること」という言葉に整理しています。そして私たちはそれらについて考えていくためのものとして、「地図」をつくったのです。

技術を 活用する	=	「技術の可能性を、自分たちの日常に取り入れること」

①技術の可能性を知ること

②その広大な可能性の中から自分たちに合ったものを選択すること

③日常業務に落とし込むことまでを見据えて試行錯誤すること

　様々な技術を知っていくと、その可能性は無限と感じるほど広大です。世の中には活用できる技術がたくさんあり、それらにより実現できるソリューションは、考えれば考えるほどアイデアが生まれてくるものです。

　いくら技術を活用したプロジェクトを起こすために試行錯誤が必要だとしても、個々の企業が世の中にある技術を、何も考えず一個ずつ試していこうとすると、到底試しきれるものではありません。さらに、試すだけではなく日常に取り込むこと（＝活用する）を考えても、全てを試していくわけにはいかず、自分たちに合う技術を見定めたり、自分たちの持つビジョンや課題感に対する優先順位をつけながら試していったりすることが、どうしても必要になってきてしまいます。

　広大な技術の可能性から「自分たちに合うもの」を見つけるために、できるだけ俯瞰しながら、どのような技術が自分たちの日常へ取り入れられるかを試行錯誤し続けることが、「技術を活用する」ということだと考えています。

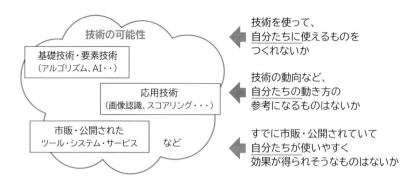

　では、技術の可能性を日常に取り入れる、とは一体どういうことでしょうか。技術を活用するプロジェクトのような新たな試みをするプロジェクトというのは、会社全体の中では、言うなれば非日常的なプロジェクトです。往々にして、日常業務とは別動するチームが立ち上がり、日常業務の延長線上にはないことを検討する必要があります。非日常というとやや極端な表現と思われるかもしれませんが、だからこそ新たな試みをする事ができるのであり、しかし同時に、慣れている日常ではないために「何からはじめればいいのか」という悩みが生まれるのだと思います。まずは非日常的なプロジェクトが日常とは違うものなのだと認識した上で、最終的には、非日常的なプロジェクトから生まれたものを日常に取り入れていく必要があるということを理解しておく必要があるのです。

　例えば、ある業務を効率化するためのツールを開発するプロジェクトがあったとして、そのプロジェクトの中だけで検討を続けたり、システムをつくり続けたりしているだけでは、業務で日常的に使うところまで一向に辿り着きません。

　今自分たちがプロジェクトの中で検討したりつくったりしているものはまだ非日常のもので、それをどうしたら日常に取り入れてもらえるのか、または自分なら日常にはどう取り入れるだろうかという、「日常に取り入れること」を見据えるのが、私たちが考える「技術を活用する」ためのプロジェクトなのです。

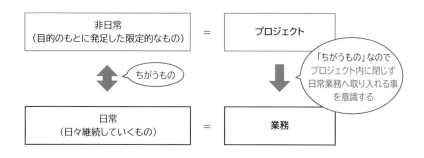

　また、新たな試みという非日常のものを日常に取り入れるためには、何度か実験してみる必要があります。多くの場合、最初に検討したりつくったりしたものがそのまま日常にあてはまることはなく、チューニングしながら無理なく続けられる形に落とし込んでいくことがほとんどのケースで必要です。

　先述の例でいうと、つくってきたツールをある部署の日常業務で使おうとする場合、実際に部署で使う現場の声を踏まえてツールを微修正することもありますし、導入説明会や資料などで補足して、よりわかりやすく使えるようにするやり方を模索することもあります。

　先ほども説明させて頂きましたが、日常に取り入れることを目指すのであれば、非日常的なプロジェクトで検討し続けたりつくり続けたりせず、早めに日常の中で実験してみることが大切です。

　プロジェクトが動いているとどうしても進んでいるものに集中してしまいますが、定期的に「地図」を見ながら立ち止まり、「そろそろ日常の中で実験するタイミングではないか」とプロジェクトチーム内で問いかけ合えると良いと思います。まさに、日常に取り入れるためには、試行錯誤が必要となるのです。

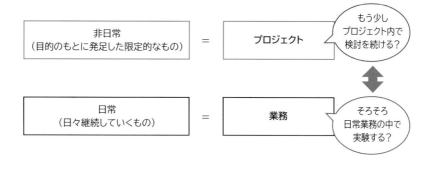

1

今、技術を活用するために

【地図を使って技術を活用するということ】という内容を入れた理由は、これこそが私たちがつくった「地図」の根幹だからです。

「技術を活用」しようとすると、どうしても、「つくる」ことだけに焦点があたりがちです。「いいものをつくれば使われるのでは」という声もよく聞きます。

しかし私たちは、「つくる」だけの視点で「いいものかどうか」を評価すべきではなく、つくったものの評価は「日常的に使い続けられるかどうか」だと考えています。

また、つくらなくても「使えば便利なもの」もたくさんあります。例えば、世の中のインターネット上にある大量の記事を検索できるシステムや、書類やグラフをリアルタイムに共有・編集できるツールなどは、自分たちでつくらなくても無料で使えます。

世の中には実は知っていても「使えていない」技術は意外とあるものです。企業のニーズをお聞きした際、先ほどのような手軽に使えるツールをうまく使えば解決してしまうものも実はたくさんあります。

これらのことをふまえ私たちの考える「技術を活用するプロジェクトにおける地図」では、「つくるかどうか」も検討の一部として、「技術の可能性を自分たちの日常に取り入れることを目指す」という想いをこめています。なので、「つくる」が「必ず」起点になる「ステップ」ではなく、「つくる」もひとつの選択肢にしながら行き先を考える「地図」と表現しているのです。

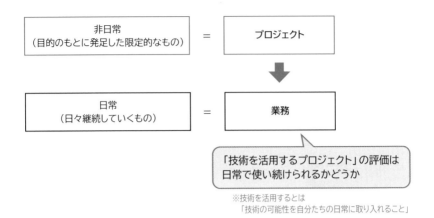

非日常
（目的のもとに発足した限定的なもの） ＝ プロジェクト

日常
（日々継続していくもの） ＝ 業務

「技術を活用するプロジェクト」の評価は
日常で使い続けられるかどうか

※技術を活用するとは
「技術の可能性を自分たちの日常に取り入れること」

　AIなどの最新のデジタルテクノロジーは、我々の生活を変え、ビジネスの構造を大きく変化させていくほどの可能性を秘めていると思います。しかし、技術を使うのは、あくまでも人です。つまり、日常的に人が使い続けられなければ、技術の意味がありません。データ分析にしろ、AIシステムにしろ、日常に取り入れるためには、誰に対して、どんな解決策（技術）を提供するのか、を広大な技術の可能性の中からデザインして、試行錯誤していくことが重要です。

　技術が民主化したことで、専門性の高い技術者と別に、技術を活用できる人材も必要となってきます。益々急速に発展する技術を把握し日常化するためのテクノロジーデザインの重要性はあがっていくと考えています。そのためにも、これまで関わってきた企業の方々からの悩みや相談を起点にしてつくった「技術を活用したプロジェクトにおける地図」を上手く活用し、また、発展させていってください。

　2章では、より詳細な地図の説明を行い、3章以降でデータ分析プロジェクトやAIプロジェクトなどを題材にしたケーススタディを通して、地図の使い方を感じていただき、そして6章では、プロジェクトに参加するメンバーに求められる能力について説明しています。これらの章を経ていくことで、技術を活用したプロジェクトでの推進力を身に着けていきましょう。

第2章

技術活用を推進するための「地図」

地図の使い方

では改めて、私たちがつくった「技術を活用するプロジェクトにおける地図」の中身について紹介していきます。

▶ 地図の概観

こちらが地図の概観です。

プロジェクトが立ち上がり、その定例会議などの場で、このプロジェクトでは「今何をしているのか」そして「次何をするのか」について議論するために私たちが活用しているものです。

アイデア創出

やりたいことに対する現状の精査

強みの再発見	おおまかな将来像づくり	ユーザーごとの「つくるもの群」の設定	「つくってみる」／ユーザーに「あててみる」／試行錯誤	運用へのインストール

- これらは、デジタル技術を活用して何かをつくろうとするプロジェクトにおいて、私たちが考えている「やったほうがいいこと群」です
- ただし、ステップではないので手順を示すものではなく、どこから始めてもいいし、同時に進めてもいいし、途中で変えてもいい、と思っています
- また、すべての項目を完了させないと進めてはいけないというわけでもなく、「どこかでやらなければいけなくなること」や「進めながら考えておきたいこと」というレベルのものです
- なので、これは、「今何をしているのか」「今後何をするとよいのか」を都度確認しておくための「地図」の役割を持つもので、プロジェクトは、旅をするようにこの「地図」を見ながら、自分達の状況と考え合わせ、都度次の手順を考えて進めていくものだと思っています

この「地図」では、「技術を活用するプロジェクト」で私たちが考えている「やったほうがいいと思っていること群」をパーツに分けて表現していますが、ステップや手順を示すものではないので、どこから始めてもいいし、同時に進めてもいいし、途中で変えてもいいと思っています。

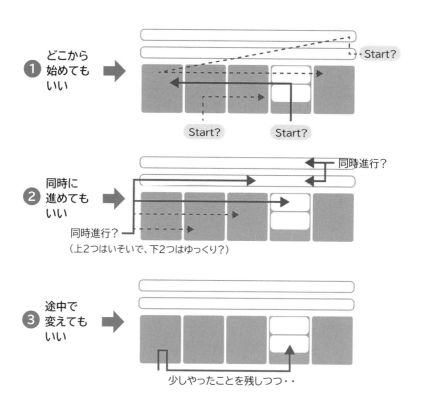

2

技術活用を推進するための「地図」

▶「どこから始めてもいい」

「地図」をお見せする際、私たちは特に「どこから始めてもいい」ということを強調しています。どうしても一般的なワークフローや事業計画書のイメージから、「左から右へ、上から下へ進めるもの」であったり「戦略的なことから考えるべきもの」と思われることが多いのですが、この地図は「どこから始めてもいい」という前提で説明しています。

例えば、何かつくってみたいものがあるならば、真っ先につくり始めても良いですし、その前に最新技術の全体像を研究することから着手して

も良いのです。

　あくまでプロジェクトとして動くことが決まっている前提ではありますが、どこから始めるべきか悩むのであれば、日々の業務やビジネスの中でやってみたいと感じることを、まずは「短期間で、かつ限定的な予算内」で始めてみるほうが良いというのが私たちの考え方です。なぜなら、地図全体について、できるだけ早い段階でわずかでも考えさえすれば、その時点で視点を網羅できるからです。そのため私たちは、始め方ではなく「地図全体をまわれるように考えながら、都度次の行き先を考える」ということの方が重要で、そして何よりも「進めないで考える」よりも「進みながら考える」方が効果的だと考えています。

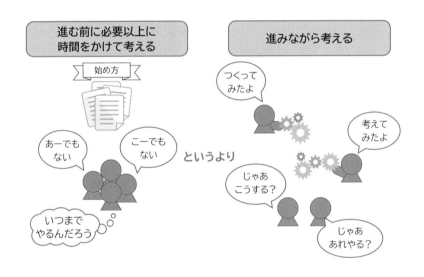

　「どこから始めてもいい」ので、どこから説明するか迷いますが、特に意図を挟まずランダムに、地図のそれぞれのパーツについて説明していきたいと思います。

　ちなみに、広く捉えると「技術」というものにはあらゆる分野の専門的な知識や情報を含むと思っていますが、本章では、私たちが普段関わっているDXやAIなどの「デジタルテクノロジー」に関するプロジェクトに限定して説明していきたいと思います。

2▶2 「やりたいことに対する現状の精査」

　プロジェクト開始時に「やりたいこと」を伺うと、本当に色々な「やりたいこと」があるんだなと感じます。

▶ やりたいことが定まらない

　例えば、「10年後に社内外のデータをフル活用できるようなプレーヤー（部署）になっていたい」といった大きな方向性を思い描いていることもあれば、「顧客データをセグメントに分類したい」という具体的なものまで、企業や部門によって様々です。

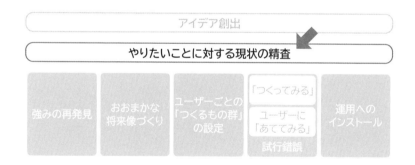

　しかし、どんな種類のものであっても、その企業や部門の「やりたいこと」であることは間違いありません。そこで「やりたいことに対する現状の精査」では、そんな様々な種類の「やりたいこと」に対して、今何があって何が足りないのかといった「現状との差分」を整理していきます。
　特に、デジタル技術を活用して何かをつくろうとすると、多くの場合データが必要です。そのデータがあるのか無いのか、あっても活用できる品質にあるのか等をひとまず認識することが大切です。

▶ どのような時に、「やりたいことに対する現状の精査」をするか

「精査」と書くと、必ず最初にやらないといけないように見えますが、実際はそうではないと思っています。「つくってみたいもの」や「検討したいこと」などが明確にある場合には、現状の精査よりも先に、地図における他のパーツから始めることもあります。

では、どのような時に「やりたいことに対する現状の精査」をすることが多いかと言いますと、「現状足りないものがいくつかあり、それを解消しないとやりたいことに近づいていかなさそうだけど、ちゃんと把握できていない」と感じる時ではないかと思います。

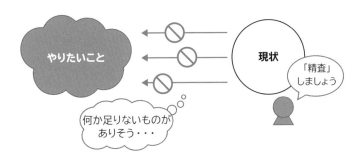

特に、「つくってみたいもの」や「検討したいこと」などを先行させている際に、課題が乱立して進まなくなったり、なんとなく違和感が生まれてきたりする時には、いったん立ち止まって整理することをおすすめしています。

▶ 「やりたいことに対する現状の精査」では何をするか

「足りないものがありそうだけど把握できていない」という時は、「やりたいこと」自体が曖昧であることが多いです。

「やりたいこと」と言っても、企業や部門、そしてそれを思い描く人によって種類が様々です。そこでまず、「やりたいこと」を「地図」の下部の

5つのパーツの単位に区分して整理していきます。いろんな「やりたいこと」があると思いますので、どれか一つに区分されることはないと思いますし、どこかの区分にやりたいことが偏ることもあると思います。

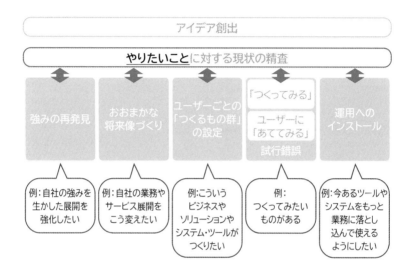

ここで私たちが大切にしているのは「無理やり作文しない」ということです。5つに区分して整理しようとすると、5つ全部の区分に対してやりたいことを「書かないといけない」ように感じてしまうかもしれませんが、無ければ無いで問題ありません。あくまで今思い浮かんでいる「やりたいこと」がどんな種類のものなのかを大まかに掴むことが大切です。

もし、「やりたいこと」の整理の結果、もう少し「やりたいこと」について視野を広げたり深掘りしたいとなれば、この段階で地図の別パーツへプロジェクトを進めていくこともあり得ると思います。

参考までに、5つそれぞれの区分に対して、最終的に「ここまで明確になっているとプロジェクトが進めやすくなる」と私たちが考えているチェックポイントを次の図に書いておきます。こちらについても、このチェックポイントを全部クリアしていないとプロジェクトが進まない訳ではないので、「現段階でどこまでやるべきか」を、プロジェクトチーム

内でもその都度議論しながら進めていき、メンバー間での「やりたいこと」を整理していってみてください。

最終的には:
自社内だけの認識ではなく、顧客や第三者から認識されているものとして「強み」が言語化されていてほしい

最終的には:
業界や市場での立ち位置や、ビジネスやシステムの将来イメージだけでなく、業務構造をどう変えたいかが見えていてほしい

最終的には:
各ユーザーの業務構造における将来像と、つくるもの群を紐づけた上で、つくるもの群の優先順位が定められていてほしい

最終的には:
つくってみたいものが明確で、かつ、ユーザーとなる人たちを巻き込む環境が準備されていてほしい

最終的には:
ユーザーに対して「使ってもらう活動」をしていくための体制が準備されていてほしい

　さて、「やりたいことに対する現状の精査」では、「やりたいこと」とあわせて、現状「足りないもの」を整理していきます。ここで言う「足りないもの」というのは、私たちの地図においては、現状の企業や部門が持っている「資産」の不足のことを指しています。整理した「やりたいこと」を見ながら、それに対して足りないと思うものについて、ヒト・モノ・カネ・データの視点で列挙していきます。

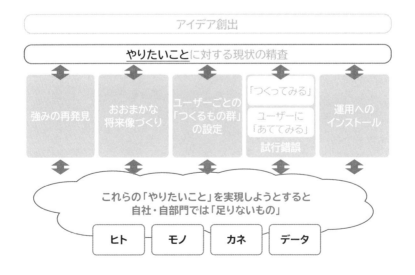

ただ、この「足りないもの」についてもプロジェクトのフェーズによって洗い出した方がいい種類やその粒度が変わってきます。

「将来像づくり」を意識するのであれば、ヒト・モノ・カネの視点も含めて整理したほうが考えやすいと思いますが、「つくってみる」に重点を置いている段階であれば、ヒト・モノ・カネについてはざっくり念頭におくくらいにとどめ、データの有無や精度などの不足について重点的に整理してみるのも1つの手です。

あくまで一例ですが、以下（図）にヒト・モノ・カネそしてデータにおける「足りないもの」を考える上での視点及び、その対応方法について検討する上での視点の例を載せておきます。

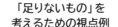「足りないもの」を 考えるための視点例	「足りないもの」への 対応検討のための視点例
ヒト つくるだけではなく、運用まで見据えた時、現状の組織や人員で実現できるか	組織の新設や増員、役割（部署）の見直しなどの必要性 教育研修の整備や、外部知見活用の検討
モノ 新たに必要になる商品/商材や材料/設備はあるか	現状の商品/商材の強化/改良で対応可能か（クロスセル/アップセル含む） 現在の生産体制で対応可能か
カネ 今後全体として目指したい売上/利益 直近の必要予算や今後の予測に対して対応	既存事業も含めた展開の見通し 予算計画の検討や予算調達の必要性（クラウドファンディングやアライアンス含む）
データ 今あるデータにおける精度やフォーマットは十分か（活用できる形式か） その他、どのようなデータが足りないか	データ取得・整備の方法検討

プロジェクトがうまく進まず立ち往生しそうになったときは、この「足りないものへの対応」の整備を進めることで解決することもあるのではないかと思っています。

▶「やりたいことに対する現状の精査」まとめ

　「やりたいことに対する現状の精査」では、「やりたいこと」を地図の下部の5つのパーツの区分で整理し、その「やりたいこと」の整理を見ながら、ヒト・モノ・カネ・データにおける「足りないもの」を洗い出していきます。

　ただ、整理すること自体が重要ではないので、全て完璧に洗い出そうとせずに、その時のフェーズに必要となる粒度で整理し、その「足りないもの」をプロジェクト内で共有した上で、「次何をするか」について議論する材料にすることが大切です。

2▶3 「つくってみる」と「あててみる」の試行錯誤

　私たちがこの「技術を活用するプロジェクトにおける地図」をつくる際に、大きくこだわった部分があります。それは、「つくってみる」を独立したパーツにしなかったことです。

▶ つくってみたけど使われない

　企業の方からよく「つくってみたけど使われない」という悩み事を聞きます。それは「使う」ということよりも「つくってみる」ということに集中しすぎてしまったことに起因してしまっているのではないかと思っています。

　私たちは、つくったものがきちんと使い続けられるものになっていくことを目指すために、「つくってみる」ことと、実際使うユーザーに「あててみる」ことをセットとして捉えるような地図にしました。

　そのため、私たちの「地図」を見ながら進めるプロジェクトにおいては、「ユーザーにあてないでつくる」という進め方は存在せず、「ユーザーの声をできるだけ早い段階から取り入れながら『つくってみる』」ということが一括りのパーツになっています。

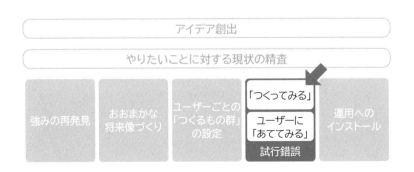

ちなみに、「つくってみる」ことを主眼に置いたプロジェクトだと、「つくってみる」側のテーマがプロジェクト名になることが多く（「AIプロジェクト」や「データ分析プロジェクト」など）、「あててみる」側のテーマがその目的になることが多い（「検査部門の不具合検知に活用する」など）ということを踏まえてみても、「つくってみる」と「あててみる」がセットということが、よりイメージできるのではないでしょうか。

▶ どのような時に「つくってみる」と「あててみる」の試行錯誤をするか

　多くは、「つくりたいもの」が明確にある段階や、プロジェクトの過程で明確になった段階に、この「試行錯誤」を進めていくことが多いですが、実は、「つくりたいものが曖昧で、技術を使ったらどのようなものができるかもう少し具体的にイメージできる状態にしたい」という場合や、「つくるべきか、つくらないべきかを判断したい」という場合でも、「つくってみる」と「あててみる」の試行錯誤をしてみることで前進できるケースもあります。

　最終的に有用なものをつくるためには、多くの試行錯誤が必要です。であれば、その時点での「つくってみたもの」に固執せず、むしろ「あててみる」ことによってユーザーの声や反応という材料を得ることに重点を置き、それをもとに「何をつくるべきか」「もっと他につくるべきものはないか」「つくらなくてもできることはないか」などの検討をしていくことの方が大切なのではないでしょうか。

　もちろん、「つくってみたもの」に対してユーザーから良い反応が得られたのであれば、もう少しそのままつくり続けてみるという選択も当然あり得ると思います。

　つまり、つくってみたいものがある場合だけではなく、あててみた結果を得て何かしら検討したい場合に、「つくってみる」と「あててみる」の試行錯誤をしていきます。

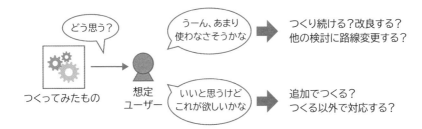

▶ 何を「つくってみる」のか

　では、「つくってみる」と「あててみる」の試行錯誤をしてみようとなった時、まず何を「つくってみる」のでしょうか。

　今の世の中という環境下では、「つくってみる」ということのハードルがどんどん下がってきていると思っています。事例やサンプルが既に多くありますし、つくることに慣れた人材が社会に多く育っています。そのため、大きなシステムをつくるよりは低予算で、かつ短期間で、簡易に「つくってみる」ことが可能になってきています。

　ただ、ここで注意が必要なのは、「つくってみる」とひとくちに言っても、様々な種類があり、どの種類の「つくってみる」なのかをはっきりさせておかないと、せっかく「つくってみる」ことのハードルが下がっても、その恩恵を受けられなくなってしまいます。

　そのため、「つくってみる」という段階になったからと言ってすぐにつくり出してしまうのではなく、どのような種類のものを「つくってみる」のか、プロジェクトチームの中ですり合わせておくことが大切です。

▶ デジタル技術を活用したプロジェクトにおける 「つくってみる」

DXやAIなどのデジタル技術の領域において「つくってみる」ものというと、大きく分けて「システム」と「検証用ツール」があると思っています。

これから説明させていただくのはあくまで私たちの定義ですが、プロジェクトを進める中でズレを生まないよう、どちらを「つくってみる」のか、気を付けてコミュニケーションするようにしています。

まず、ここで言う「システム」とは、実際に多くのユーザーが"日常的に使える"ようにして機能を揃えたものです。

「システム」には、分析したり検索したり計測したりという用途のための処理だけではなく、ユーザーがわかりやすく使うための入力画面（INPUT）や、充実した出力方法（OUTPUT）、処理に必要なデータを随時格納したり自動的にアップデートできるようにしたりする部分（DB）も必要です。これらを包括してつくるものを「システム」と呼んでいます。

一方で、私たちが「検証用ツール」と呼んでいるのは、"用途のための処理のみ"をいったん見える形にするものです。

システムのように本格的にはつくり込まず、入力/出力やデータ更新を技術者の手作業等で補完しながら、その用途に限定して「あててみる」ために簡易につくるものです。例えば、分析結果をグラフ化してみることだけに焦点をあてたダッシュボードがわかりやすい例だと思います。

なぜ、このどちらを「つくってみる」のかをすり合わせなければいけないかというと、例えば、「検証用ツール」のつもりで用途のための処理"のみ"をつくっていたのに、入力画面や出力方法について議論がはじまってしまうことがあるからです。これは「システム」と「検証用ツール」の認識が混在してしまっているケースだと思います。もし、「検証用ツール」をつくっているのであれば、わかりやすさや使いやすさを検証するのではなく、つくろうとしている用途が価値あるものなのかの検証に集中すべきです。

このように、「つくってみる」際には、必ずその後に「あててみる」ことがセットになっているはずなので、「何を確かめるためにあてるのか」を念頭におきながら、「つくる」ことが大切になってきます。そして、できればつくり始める前に、こういった認識のすり合わせが出来ていると良いでしょう。

▶「つくってみる」上で忘れがちな「データ」

「システム」であっても「検証用ツール」であっても、必ず必要になるのが「データ」です。

システムや検証用ツールをつくる際にデータを使うわけですが、ある用途のために使おうとすると、そのままでは精度が足りなかったり、フォーマットが整っていなかったり、加工や解析が必要だったりする場合があります。また、そもそも欲しいデータ自体がその段階では無い場合もあります。それらを揃えるために、データの取得や整備の方法を模索したり、関係各所へのヒアリングなどで補完したり、時にはAIなどを使って新たなデータを取得できないか検討したりしていきます。

ちなみに、特にデータ分析を行なっていく場面では、この「データが十分であるか」が最も重要です。データが不足していたり間違っていたりすれば、分析結果が、その後の用途（意思決定や企画など）にまったく使えないものになってしまう可能性があります。拙速に「つくってみる」という段階に進む前に、一呼吸置いて考えるべきテーマなのです。

データが不十分だと・・・

まったく使えない「システム」ができてしまう

「検証用ツール」なのに用途を検証する事ができない

▶ どのように「つくってみたもの」を「あててみる」のか

　「つくってみる」と「あててみる」の試行錯誤をする段階においては、ユーザーの声や反応をより多く集めるために、「つくってみる」と「あててみる」をできるだけ頻度高く行き来することが大切です。

　しかし、頻繁にあててみるためには、つくり途中のものをあててみることにもなります。そのため、あてる際には必ず、今回はどういった検証をしたいのか等の説明が必要になります。説明がないまま使ってしまうと未完成の中途半端なものに見えてしまい、本来欲しいはずのユーザーの声や反応が得られなくなってしまうからです。

　対象のユーザーに対して、プロジェクトの協力者や仲間になってもらうような気持ちで接することも大切です。プロジェクトの目指すことや、今どのようなことを確かめたくてつくってみているのかを、丁寧に説明して、一歩ずつ前進する過程を一緒に歩いているように感じてもらうことができれば、このプロジェクトを後押しする存在になってくれるかもしれません。

　こういったユーザーへ「あててみる場」を単発ではなく定例会議のようにして、その中で毎回、プロジェクトの状況の共有や対話の場としてみるのも良いかもしれません。定例化することで試行錯誤の回数も増えますし、プロジェクトへの信頼感も高まっていくと思います。

　また、「あててみる」機会を使って、対象のユーザーの日々の業務の構造を把握しておくことも、その後のプロジェクトに効いてきます。「どのような業務を行っているのか」という業務全体を理解しておくことで、今つくってみたもの以外のものをつくる際にも、利用シーンをより具体的にイメージしやすくなったり、抱えている課題や悩み事を引き出しやすくなったりします。そういった「あててみる」ことの副産物も、プロジェクトにとっては貴重な材料になる場合が多いのです。

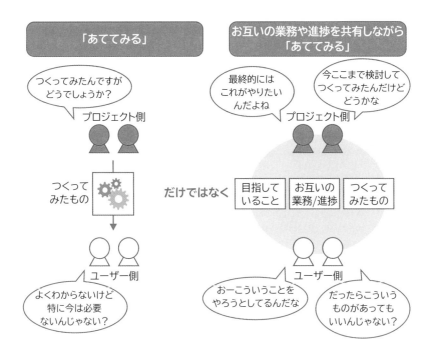

▶「『つくってみる』と『あててみる』の試行錯誤」まとめ

　「『つくってみる』と『あててみる』の試行錯誤」では、「つくってみる」ことに集中しすぎるのではなく、「あててみる」ことによって得られるユーザーの声や反応を大事にしましょうという説明をしてきました。

　何を確認するために「あててみるのか」、そのためにどんな種類のものを「つくってみる」のかに気を付けながら、できるだけ「あててみる」相手のユーザーとは、プロジェクトの目指すことや状況などを共有しながら、頻度高くコミュニケーションしていくことが大切です。

Column ▶「地図」を使う場としての定例会議

　「プロジェクトに関わるメンバーが別々の方向に動いてしまわないように、プロジェクトで目指していることをすり合わせた上で、進む方向につい

て常に議論し、それぞれの進捗状況を随時見えている状態にする」ために、定例会議を行うことが多いと思います。私たちも、プロジェクトを進めていく上で、よく定例会議を提案させて頂く機会があります。

　ただ、プロジェクトが進むにつれて具体的な課題が出てくると、定例会議において個別詳細の議題に集中してしまい、「何を目指していたのか」「今何をやっている段階か」「次どう進めていくか」などという視点を見失いがちになり、前述の定例会議を行う目的が果たせなくなってしまうことがあります。
　定例会議は、本来の目的を達成すべく、常に全員が、「何を目指しているか」「今何をやっている段階か」などを確認した上で、「次どう進めていくか」について建設的な議論ができたほうが良いはずです。
　「地図」はそんな建設的な議論をするための手がかりとなり、定例会議はその「地図」を使うことで、より議論しやすくする場になることが多いです。

　具体的には、定例会議の冒頭でこの会議の前提を確認する際、「地図」を投影するなどしながら、現在地と次の目的地を全員で確認し合ったり、定例会議の何回かに1回は、アジェンダとして「次の目的地を見直す必要があるか」を議論する時間を設けたりする方法が、定例会議での「地図」の使い方の一例です。

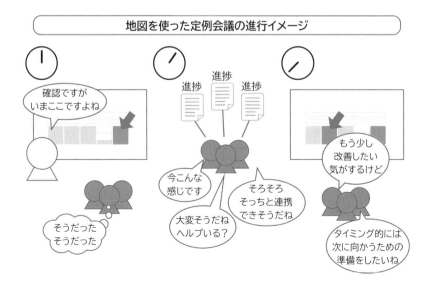

地図を使った定例会議の進行イメージ

2▶4 ユーザーごとの「つくるもの群」の設定

　「つくってみる」ということのハードルが下がり、より簡易に「つくってみる」ことができるようになっているとはいえ、とにかく思いついた順につくり続けてしまっては、無限に「つくる」期間が続いてしまうことになってしまいます。本来はプロジェクトとして「やりたいこと」や「目指したいこと」を実現するためにつくっているはずなので、「つくる」だけでプロジェクトが終わってしまっては本末転倒です。

▶ どこまでつくるのか優先度がわからない

　そこで、「最終的にはどのようなものをどこまでつくるのか」「そのために現段階においてはそれぞれどの程度の優先度なのか」を「つくるもの群」として整理することで、「つくる」ということの全体像を把握できるようにしていきます。

　そんな「つくるもの群」を整理する際に意識するのは「業務構造」です。つくったものを利用するユーザー（自社の社員や顧客となる企業の社員、消費者など）は、普段何かしらの業務もしくは行動をしています。そのような業務や行動の「どの部分」に効くものをつくるのかという視点で洗い出すと、「つくる」の総和や優先度を整理しやすくなると思っています。

　ただし、「つくるもの群」は完璧なものを目指す必要はないと思っています。ユーザーにあててみてその反応をみながら、定期的に見直していく前提で取り掛かるものだと思っています。

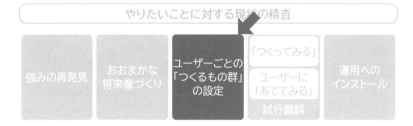

▶ どのような時にユーザーごとの「つくるもの群」の設定をするか

　「つくってみたいもの」が複数あるからといって、必ずしも「つくるもの群」という形に整理する必要はありません。「つくるもの群」の設定をする上でのキーワードは、つくるものの"総和"と"優先度"です。この2つの整理が必要と感じる段階になった時に、「つくるもの群」を設定していきます。主に「つくるもの群」が話題に上がるのは、「地図」において隣接する2つのパーツから派生してくることが多いです。

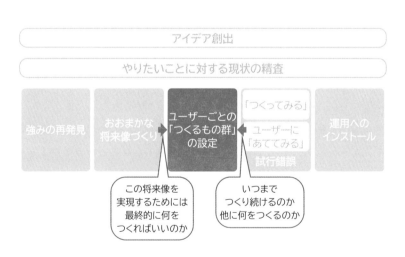

一つは「将来像づくり」からの派生です。目指したい将来像を整理していったときに、これを実現するためには「どのようなものを整備していかなければいけないのか」という具体的な案が欲しくなります。「将来像」とあわせて「つくるもの群」を整理することで、「このようなツールやシステム等を整備することで、この将来像を実現していきます」という筋道を描くことができるので、その後の具体的な計画に落とし込みやすくなります。そして、この「将来像」と「つくるもの群」を常に見直しながら計画もあわせて修正していくことで、状況に合わせた流動的なプロジェクト推進をすることができるようになります。

もう一つは、「『つくってみる』と『あててみる』の試行錯誤」からの派生です。進めている中で、「これはいつまでつくり続けているのだろうか」や「これをつくっているだけでいいのだろうか」と不安を感じるようになった時には、「つくるもの群」を設定した方が良いです。なぜなら、そういった不安の要因は、つくるものの「総和がわかっていない」ということと「優先度がわかっていない」ということが大きいと思うからです。

またプロジェクトのテーマ設定によって、単一のものをつくり上げることが目的になっている場合もあれば、色々なものをつくらないと目的を達成できない場合もあります。特に後者のようなプロジェクトにおいては、早い段階で「つくるもの群」を整理した方が、プロジェクト全体として進めやすくなると感じています。

▶ どのように、ユーザーごとの「つくるもの群」の設定をするのか

ユーザーごとの「つくるもの群」をつくる上で軸になるのは「ユーザーごとの業務構造」です。ここで言う「業務構造」とは、そのユーザーの業務全体をいくつかに因数分解したものです。

例えば、営業という業務においても、「営業リストをつくって」「アポを

とって」「提案して」「フォローして」という行動のステップに因数分解できるかもしれません。そして、それぞれのパーツには、その企業やユーザーだからこその特徴が付随されていくことになります。例えば、同じ「提案書をつくる」というステップでも、企業によってはフォーマットが違ったり、使うツールが違ったりするかもしれません。

　「つくるもの群」では、それぞれの企業やユーザーの業務（行動）における特徴を盛り込んで因数分解したもの（＝業務構造）ごとに「つくるもの」を当てはめていきます。

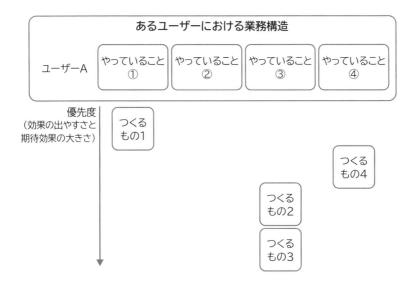

　「つくるもの群」のキーワードは"総和"と"優先度"と説明しましたが、この"総和"と"優先度"を完璧に考えようとすると足りない要素がありそうで先に進めなくなってしまいがちです。あくまでも"総和"と"優先度"は、プロジェクトのその時点のもので構わないと思っています。私たちの「地図」を使ったプロジェクトの進め方においては、一度整理したものも、状況が変化すればまた見直していくことを前提にしていますので、「つくるもの群」を「正しく完璧に」設定しようとするのではなく、暫定版で良いので、現段階での「つくるもの群」をメンバー間で共有し、それに

よって全員が不安なくプロジェクトを進めていけるようになることの方が、より大切だと思っています。

▶「つくるもの群」の優先度の付けかた

優先順位というのは、つくるもの以外の要素も関わる総合的な判断なので、一概には言えないのですが、「地図」の解説として説明できる部分を補足的に解説します。

「地図」を使ったプロジェクトの進め方に焦点を当てた時、「つくるもの群」の中の優先順位は、「地図」のどこから「つくるもの群の設定」にプロジェクトが進んできたかによって、視点が変わってきます。

前述の【どのような時にユーザーごとの「つくるもの群」の設定をするか】で説明した2つのパターンのうち、「将来像づくり」からの派生で「つくるもの群」を設定する場合であれば、この業務構造のこの部分をこう変えていきたいという思いがあると思いますので、その変えていきたい方向に対して、どの程度の効果が期待できるかが優先度を測る大きな指標になるでしょう。一方、「『つくってみる』と『あててみる』の試行錯誤」からの派生であれば、ユーザーの声や反応から期待できる効果の大きさが感覚的にはあると思いますので、それによって優先度を測ることになるはずです。

また、実際に取り組む順番（＝つくる優先順位）を考える上では効果の大小だけをみるのではなく、効果の出やすさも大切です。効果は比較的小さいかもしれないがすぐ出やすいもの（堅いもの）と、期待される効果が大きいが時間がかかるもの（柔らかいもの）を並行すると、チームのモチベーションを保ちながら進めることができると感じています。

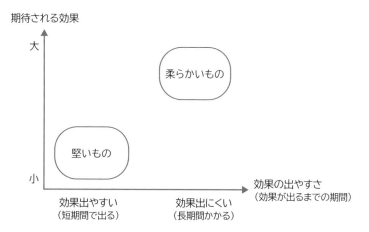

期待される効果

大

柔らかいもの

堅いもの

小

効果の出やすさ
（効果が出るまでの期間）

効果出やすい
（短期間で出る）

効果出にくい
（長期間かかる）

▶「つくるもの群」の予算配分

　「ひとつのことだけをやる」「やり方は変えずに進める」という確固とした方針があれば別ですが、ユーザーにちゃんと使われるものが生み出される「確率」を考えるのであれば、その分母となる「つくるもの」と「試行錯誤」の数は多い方がいいと考えています。そうは言っても、予算が決められているプロジェクトの中で、際限なく検証開発や試行錯誤を繰り返すことは難しいですね。そこで、予算配分について私たちの考え方を説明します。プロジェクトや企業によって様々なケースがあるとは思いますが、少しでも参考にして頂ければと思います。

　基本的な考え方は、「つくるもの」と「試行錯誤」の数を増やしたいので、10の予算があるのであれば、1つのものに10の予算を投入するよりも、10の「つくるもの」に1ずつの予算を投じた方が良く、10の「つくるもの」に1ずつ予算を投じるとしても、何度かの試行錯誤を想定して、期間はできるだけ長くみておいた方が良いでしょう。

　また、10の「つくるもの」がその時点での「つくるもの群」に設定されていたとしても、今後見直していく過程で10以外の「つくりたいもの」が出てくる可能性があることを見据えておくのもポイントです。

そう考えると予算配分は、全体の予算額から想定されるそれぞれの大まかな予算上限は意識しつつも、一つの「つくるもの」にかける予算はできるだけ抑え、試行錯誤の回数等を増やせるように構えておくことをおすすめします。

こういった説明をするとローコストを目指す印象にもなりがちですが、ポイントは「試す回数は多い方が良い」ということです。もし目一杯の予算をかけて出来上がったものが使えない（使われない）ものになってしまうと、リカバリーすることがかなり難しくなってしまいます。小さな失敗を積んで大きな成功を呼ぶ方法を見つけたいというのが、私たちの考えです。

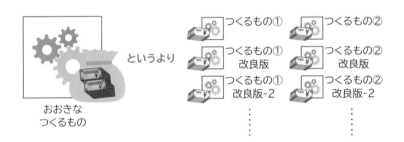

▶「ユーザーごとの『つくるもの群』の設定」まとめ

「ユーザーごとの『つくるもの群』の設定」は、プロジェクトの目指していることに向けて、「つくるもの」の総和を整理し、それぞれの優先度を設定することです。ですが、はじめから「正しく完璧に」つくることは重要ではなく、現在時点での「つくるもの群」を整理しながら、プロジェクトに関わるメンバーが今後の進め方について不安にならないよう認識を合わせるために使うことがポイントです。

「つくるもの群」は、ユーザーにおける業務構造を軸にすると整理しやすくなると説明させていただきましたが、業務構造を把握することは「つくるもの群」の設定以外にも効いてきますので、プロジェクトの対象となるユーザーの業務構造は、大まかでもいいので、できるだけ早い段階で整理しておくことをおすすめします。

　「地図」の説明の中でも何度か登場している「業務構造」という言葉ですが、もう少し説明していきたいと思います。

　「業務構造」というのは、その言葉の通り、「業務」の「構造」のことです。
　業務というのは様々な事柄が組み合わさって成り立っているものですが、その組み合わさって渾然一体になっている業務全体を、把握しやすいように種別ごとに「因数分解」しておくと、その業務について理解しやすくなります。

　例えば、ある企業の中に「サーバー保守業務」というものがあったとして、その業務が、「①サーバーの異常を検知」して「②検知した異常に対応する」という単発的な作業の話と、「③サーバーの状態を定期的にモニタリング」した上で「④保守基準を適切に設定」して、「⑤契約などにより関係者間で合意する」という定期的に行う話があったときに、業務全体を①〜⑤に分解して「業務構造」として整理しておくと、業務に関する検討や議論の土台にしやすくなります。
　仮にこの業務を一部外部委託しようとした場合、どの部分までを委託するのかという話をするのであれば、因数分解された「業務構造」の方が断然議論がしやすくなります。
　「③モニタリング」は、どのようなツールを使いどのような形式でレポートしてもらえるのか、「④保守基準」はモニタリング結果をもとに提案してもらえるのかであったり、逆にどの部分は外部委託せず自社で担っていかなければいけない部分なのかということも、「業務構造」があることで検討しやすくなります。

　このように、ある業務に関する検討や議論をしていくことを視野に入れ、業務全体を理解するために因数分解したものを、「業務構造」と呼んでいます。

　ちなみに、企業内で展開するデジタルテクノロジーを主にイメージして「業務構造」と呼んでいますが、消費者向けのサービスやツールなどを考える上でも同様です。ユーザーの行動を「因数分解」しておくと理解しやすくなることは変わりません。パソコンやスマートフォンを使って何かを閲覧し

たり探したりする行動や、買い物に出かける行動、趣味や仕事を誰かと一緒に楽しむ行動など、消費者行動も「構造」として理解すると、消費者向けのサービスやツールなどの検討および議論がしやすくなります。

さて、「業務構造」を整理することのメリットは多岐にわたります。

その業務における自分自身の理解度が高くなるわけですが、理解度が高くなれば、その業務の担当者や専門家と議論しやすくなります。まったく知らない人ではなく、ある程度理解している人として認識してもらえれば、自分自身に対する信頼度も上がります。もしその業務に関連する提案をするのであれば、その提案が業務のどの部分をどう変えるべきなのかという具体的な話ができるので提案の精度が上がりますし説得力も上がります。また、業務構造を整理する過程で業務の中身を一通り情報収集することになるので、業務内に潜む現状の課題や、今後予測される周辺変化に対して将来ボトルネックになる部分に気付きやすくなります。

これらを踏まえ、私たちは普段様々なプロジェクトを進めていく中で、関連する業務における「業務構造」をできるだけ早い段階で整理しておくことをおすすめしています。

ただ同時に、日々その業務に向き合っている方々にとって業務全体を因数分解するということが想像以上に難易度が高いことも認識しています。なぜ難しいかというと「詳しいから」です。その業務の詳細な手順を知っているので、分解しようと思うとどこまでも細かく分解できてしまいます。しかし細かすぎると理解しやすいものにはなりません。

では、どのように「業務構造」をつくっていけばよいのでしょうか。

残念ながら因数分解の方法は様々なやり方があり、なかなか「こうしたほうがいい」という画一的なやり方をお伝えすることは難しいですが、そんな中で私たちは、感覚的ではありますが、理解したい全体を「5〜7個のパーツに分ける」と理解しやすい単位になると感じています。2〜3個に分けようとすると大事な部分が分解しきれないことが多く、10個以上に分けてしまうと理解しにくくなってしまうと思います。「5〜7個のパーツ」に分解

できるとちょうど良いことが多いと思っています。

　また、一度分解してみたパーツに固執せず、日々の業務や議論などの場で使ってみながらチューニングしていくと、より良くなっていくと思います。

memo

ここで言うパーツというのは、全体を構成する部品のようなものです。分解したパーツを集めれば全体になるものなので、全体に含まれるものはいずれかのパーツに含まれます。

あくまで私たちの経験上での感覚的なイメージですが・・・

2〜3個に分解	5〜7個に分解	10個以上に

あれはどこに入るの？抜け漏れがあるんじゃない？

丁度いい！

ありすぎてよくわからなくなっちゃう

　ちなみに、「業務構造」（もしくは消費者行動の構造）だけではなく、その他の事柄についても、「構造」に分解すると理解しやすくなることは多いです。例えば、企業の皆様から私たちに寄せられるご相談の一つに、「最新技術についてどこまで理解すればよいのか」というお話があります。そんな最新技術についても気になったテーマがあれば、いくつかの書籍や資料などを見ながらとりあえず5－7個のパーツに分解してみてはいかがでしょうかという話をしています。どんな分解方法でもはじめは構いません。とにかく5－7個に分解してみるために情報収集することで、理解の土台をつくることができると思っています。

2▶5 「アイデア創出」

プロジェクト開始時に「やりたいこと」を伺うと漠然とした返答を頂くことが多いのですが、漠然としていることは決して悪いことでは無いと思っています。むしろ無理やり具体的な事柄に落とし込んでしまい、本来の「やりたいこと」からズレてしまうことの方が本意ではありません。

▶「やりたいこと」が漠然としてわからない

私たちが色々な方の「やりたいこと」と向き合う上で気を付けていることは、「きっかけがあればもっと『やりたいこと』が出てくるかもしれない」ということです。もし、もっと大事な「やりたいこと」があったはずなのに発掘できないままプロジェクトを進めてしまうと、プロジェクト全体の目指す方向自体がズレてしまう可能性まであります。それはできる限り避けるべきです。

アイデア創出

やりたいことに対する現状の精査

| 強みの再発見 | おおまかな将来像づくり | ユーザーごとの「つくるもの群」の設定 | 「つくってみる」 ユーザーに「あててみる」 試行錯誤 | 運用へのインストール |

また、プロジェクト開始時に「やりたいこと」がないという場合もあるかもしれません。例えば会社の意向で組まれたプロジェクトチームの発足時など、「とにかく何かはじめなければならないが、どうしたらいいの

か…」という状態もあり得ます。

　私たちがこの「地図」に「アイデア創出」のパーツを組み込んでいる理由は、技術活用にワクワクする感覚を持って欲しいという思いや、既存の枠組みには留まらないアイデアにも挑戦して欲しいという思いもあるからです。

　そんな思いを踏まえ、この「アイデア創出」の段階では、世の中の事例や様々な技術を使ったデモやサンプルなどに触れながら、漠然とした「やりたいこと」に近そうな「つくってみたいもの」「やってみたいこと」をピックアップしていくことをおすすめしています。
　様々な技術の幅広い可能性の中で、もっとわがままになっていただき、「こんなことできたらいいのに」というアイデアをどんどん広げていくことが重要です。

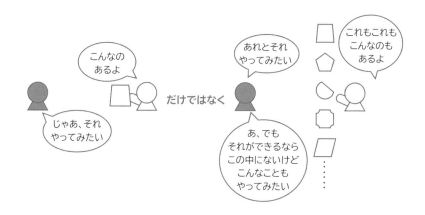

▶ どのような時に「アイデア創出」をするか

　これは感覚的なところに頼らざるを得ないのですが、言語化されている「やりたいこと」が「普通すぎる」「うちっぽくない」等と感じる時は、「アイデア創出」をすることで、「やりたいこと」をもう少し具体的にしな

がら広げていったほうが良いことが多いです。

　言語化しようとするとどうしても汎用的なワードに落とし込まれてしまいがちですが、世の中にまったく同じ企業や業務が無いように、「やりたいこと」についても他とまったく同じ言葉になることは無いはずだと私たちは考えています。自分たちの「やりたいこと」が「なんか聞いたことあるな」という言葉になっている時は、「アイデア創出」をしてみる時なのかもしれません。

　また、タイミングとしてはプロジェクト開始時が多いですが、プロジェクトの途中でも効果的な場合があります。

　例えば、「つくってみたもの」がユーザーからの反応があまり良く無いのにも関わらず、他のアイデアや改善方法の選択肢が浮かんでいない場合には、いったん立ち止まって「アイデア創出」の段階を踏むことで視野が広がり、改めて自分たちがやりたいと思えることが見えてくることがあります。

　このように、「やりたいこと」をもう少し具体化したい、広げたいというときに、様々な視点を取り入れていただくのが「アイデア創出」の役割です。

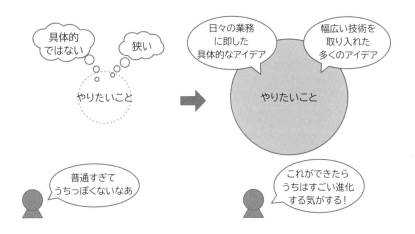

▶「アイデア創出」はどのように行うか

　私たちは前述のように、様々な技術による事例だけでなく、デモやサンプルなどを実際に触れながら「アイデア創出」を行う方法をおすすめしていますが、方法はその他にもあるでしょう。

　ここではプロジェクトで「アイデア創出」を行おうとするときに、何を足がかりにスタートするのが良いかを説明していきます。

　「アイデア創出」を行う際の切り口は3つあると思っています。「ユーザー」「価値/用途」そして「使う技術」です。これらの切り口ごとに発想を広げていきます。

$$ \boxed{\text{アイデア}} = \left(\text{ユーザー} \right) \times \left(\text{価値/用途} \right) \times \left(\text{使う技術} \right) $$

　最も大切な要素なのにも関わらず、アイデア創出の場で最も忘れられやすい視点が「ユーザー」です。「どんなユーザーに提供したいのか」という視点と「そのユーザーは自分たちにとってアプローチしやすいのか」という視点が重要だと考えています。

　提供したい「価値や用途」は「ユーザー」とは逆にアイデア創出の場でよく議論されやすい切り口なのですが、自分たちだけの感覚で検討しないようにしましょう。「価値や用途」というのは「ユーザー」が感じるものなので、常に「ユーザー」を想像しながら、発想を広げた方が良いでしょう。もし想定するユーザーに近い人が社内や近い距離感にある企業にいる場合など、すぐにアプローチしやすい存在であれば、簡易にでもヒアリングをさせてもらうことで、発想の手助けになります。

　そして、「使う技術」は、「ユーザー」「価値/用途」とは別で議論してしまいがちなのですが、私たちはむしろ同時に議論した方が良いと考えています。

　これまでの業務経験の中から「この技術を使えばこういうこともできるかもしれない」という発想を探ったり、ニュース記事や業界情報誌など

を見ながら「こんな技術の使い方もあるんだな」という視点で事例をあたっていくと、自分たちに当てはめやすく、より具体的なアイデアが生まれることが多いです。

▶「アイデア創出」まとめ

はじめは漠然としてしまいがちな「つくってみたいもの」や「やってみたいこと」をより具体的にしながら広げていきたい時、もしくはアイデアが無い状態から「つくってみたいもの」や「やってみたいこと」を見つけ出したい時に、「アイデア創出」を行います。

「アイデア創出」を行うときのポイントは3点で、①どの「ユーザー」に対して、②どのような「価値/用途」を提供するのかという視点を持ちながら、③様々な「使う技術」の事例やデモ・サンプルなどを起点にして発想していく、ということです。

「アイデア創出」によりその時点での「やりたいこと」をできるだけ引き出しながら具体的にしていき、目指す方向に大きなズレが生じないよう確認しながらプロジェクトを進めていくことが大切です。

　実は、私たちがこの地図をつくりだす以前から、一緒にプロジェクトをすすめている企業の方からはよく「御社との会議はワクワクする」と言われていました。とても嬉しい反面、意図的にそこを目指していた訳ではないので自分たちでは要因が掴めていませんでした。でも一緒に仕事をしていて楽しいと思ってもらえる存在であることは、会社としてビジネスパートナーとして、非常に大事なことだと感じていたのです。この「地図」をつくるのをきっかけに改めて「強みの再発見」としてこのワクワク感があるのはなぜか？を探ってみることにしました。これまで一緒にプロジェクトをさせて頂いた方々に、改めて私たちのどんな部分がマッチしていたのかなどを伺うと、ワクワク感の他にも様々な気が付かなかった「良いところ」をあげて頂けました。そしてそれをきちんと自分たちの武器としても活かせるように、仲間たちでも話し合いをしてきました。

　そうして分かったのは、いきなり大きな（無謀な）夢を見る訳ではないが、今までとは確かに違った変化を予感させる存在（と、思って頂いていた）。そして、それに伴走してくれる頼もしさがある（と、思って頂いていた）ということでした。手前みそで恥ずかしいのですが、こんなパートナーがいたらきっと難しそうな技術を活用するプロジェクトでも進みやすくなりそうだと、私たちも感じることができました。そしてより多くの人が、誰かのそういったパートナーとなりうるように、この「地図」にも「強みの再発見」や「アイデア創出」を入れ、本書でも解説することにしたのです。

2▶6 「強みの再発見」

「強みの再発見」をおこなう目的は、「自分たちの強みはこれなんだ」「この強みを使って、顧客やユーザーに向けてこういう価値提供をしているんだ」という視点を持ちながらプロジェクトを推進し、事業やビジネスに対するプロジェクトの効果をより高めることです。

▶ 自分たちの強みが見つからない

その前提として企業や事業というのは「続けること」がものすごく重要で、だからこそものすごく大変なことだと思っています。

企業や事業がこれまで続いているのは、その背景には必ず何かしら特筆すべきことがあるはずです。そして、それこそがその企業や事業の「強み」として今後の新たな打ち手のキーポイントにもなっていくと考えます。

新しい事業をつくっていく際、現在の「強み」を全く使わず、ゼロから再度「強み」をつくりあげていくことも選択肢としてはあり得ますが、既に企業や事業において積み上げてきた「強み」があるのであれば、それをできるだけ転用することで、これから新たにつくるものの効果や実用性も上がる可能性が高いです。

▶ 本当の強みは「再発見」されるもの

　なぜ「再発見」という言葉を使っているかというと、強みというのは自分たちだけでは認識しにくいという側面があるからです。

　「強み」というと企業や部門としては、意図して努力していることを挙げがちなのですが、むしろ自分たちの中では無理なく自然に行なっていることにも関わらず、他から見ると際立っていることのほうが「強み」であることが多いと感じます。そのため、自分たちの「強み」に対して改めて向き合うためには、取引先や関係会社などのビジネスを共にしてきた第三者の視点も入れながら、自分たちでは意識していなかった特性や良いところを再発見しつつ見直していくことを「強みの再発見」としてこの「地図」に組み込んでいます。

▶ どのような時に「強みの再発見」を行うか

　「強みの再発見」は、できるだけ早いタイミングで取り組み始めることをおすすめしています。なぜなら、「強みの再発見」における取り組みは、先に説明した「業務構造」の把握にもつながりやすいからです。私たちが考えるプロジェクトの進め方においては、必ずしも「強み」から考え始める必要はないですが、関係する部門や関連会社などプロジェクトに関わる方々が「どのような業務を行っているか」について把握しておくことは、プロジェクトとしてどのような業務でどのような効果を出したいかを具体的にイメージしやすくなりますし、それだけではなく一緒にプロジェクトを進めるメンバーに対する理解度も上がりますので、どんな進め方であっても、早めに「強みの再発見」を行った方が良いと考えています。

　つまり、再発見する「強み」も大切ですが、それよりも「強みの再発見」の過程で把握することになる「業務構造」が、プロジェクトにおいては後々効いてくるものになるため、できるだけ早い段階で行った方が良いだろうということです。

ただ、企業や業務全体を端から端まで様々な角度で見ていって気づかなかった「強み」を洗い出していきたいという活動なので、網羅しようとすると相当な時間がかかってしまいます。そのため、実際プロジェクトの中で進める際は、別のパーツでの取り組みと並行して行うことが多いです。

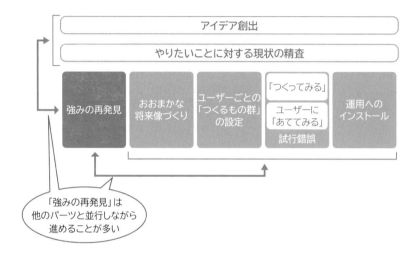

「強みの再発見」は他のパーツと並行しながら進めることが多い

▶「強みの再発見」はどのように行うか

「強みの再発見」では第三者の視点を入れながら進めた方が良いと説明しましたが、それだけだと具体的な行動にうつりにくいかと思いますので、実際どのように「強みの再発見」のための情報を集めていくと良いか、私たちの経験から整理した要点を説明させて頂きます。

私たちは、「その企業や部門の中にどんな資産があって、他と比べて何が強みになっているのか」という"資産の視点"と、「企業や部門が置かれてきた環境はどのようなもので、何が今の立ち位置を築いてきたのか」という"環境の視点"の、2つの視点を特に重視しています。

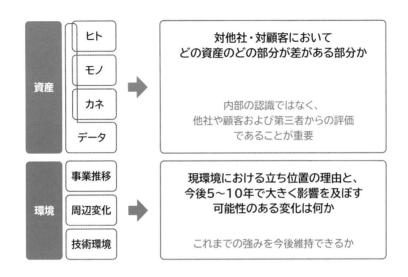

　参考までに、資産と環境それぞれにおいて、私たちの経験上、どのような
ことに着目していくと「強みの再発見」につながりやすいかという項目
を例示しておきますが、これら全ての項目を網羅することや無理やり作
文することが重要なのではなく、どれかひとつでも良いので、プロジェク
トに関わる方々と議論することで、これまで気づかなかったことを発見
できないか模索していくことがポイントになってきます。

　概要でも説明させていただきましたが、なかなか見つかりにくいものだと思いますので、社内でヒアリングやアンケート、座談会など様々な形式の手段を使いながら意見の収集や雑談をしてみたり、日々関わっている取引先や関係会社ともざっくばらんに会話してみたりする中で、できるだけキーワードを集めていただくのが良いでしょう。

▶「強みの再発見」まとめ

　「強みの再発見」は、プロジェクトの効果や実用性を高めるために行います。再発見された「強み」をプロジェクトに活かしていくことが最終的な狙いではありますが、もう一つの重要な狙いは、「強みの再発見」をする過程においてプロジェクトに関わる方々の「業務構造」を把握し、プロジェクトの土台にしていくことです。そのため、できるだけ早く「強みの再発見」に取り組み始める方が効果が得られやすくなります。ただ、取り組み始めた時点から、完璧に間違いないものとして見つけ出すことを追い求めるのではなく、ひとつずつ議論しながらプロジェクトの過程で常に意識しておくことが大切です。

2▶7 「運用へのインストール」

「運用へのインストール」とは、プロジェクトとしてつくってきたものを、ユーザーが使い続けるために日々の運用に落とし込んでいくことです。

試行錯誤の過程でどれだけ頻繁にユーザーにあててみながらつくったとしても、最終的にユーザーの日常的な「日々の運用」にならないと、つくったものが使い続けられることにはなりません。そして残念ながら、どれだけユーザーに適したものをつくったとしても、つくっただけでは使い続けてもらうことはできません。

▶ つくったものが、使われない

「技術を活用する」というのは「つくってみたものを使い続けるまでにすること」だと私たちは思っています。「つくったけど使ってもらえない」という事態にならないために、私たちは技術を活用するプロジェクトの「地図」の中に、「運用へのインストール」というパーツを入れ、他のパーツと同じように重視しています。

アイデア創出

やりたいことに対する現状の精査

強みの再発見 ／ おおまかな将来像づくり ／ ユーザーごとの「つくるもの群」の設定 ／ 「つくってみる」 ユーザーに「あててみる」 試行錯誤 ／ 運用へのインストール

▶ どのような時に「運用へのインストール」を行うか

　主には「『つくってみる』と『あててみる』の試行錯誤」から派生します。試行錯誤の結果つくり上げたものを、ユーザーの声や反応を受けて改善していき、これなら使ってもらえそうという段階になったら、ユーザーや顧客に実際使ってもらう活動、つまり「運用へのインストール」にシフトしていきます。

　このように表現すると、プロジェクトにおける最後のステップのように聞こえるかもしれませんが、「地図」のひとつのパーツですので、決してそうではありません。例えば、「つくってみる」前にユーザーの声を集めるため市販されているツールや簡易につくってみたものを試しに使ってもらった結果、思いのほか使いやすかったのですぐに日々の運用に使いたいという要望が出るケースがあります。そういった場合は、「運用へのインストール」が起点になり、実際使ってもらう中での声や反応からプロジェクトを進めていくこともあり得ます。

　このように、つくり上げてきたものが使ってもらえそうなものとなった段階に「運用へのインストール」を行うことが主ですが、必ずしも最終ステップとは限らず、日々の運用で「使う」ことからプロジェクトが始まることもあります。

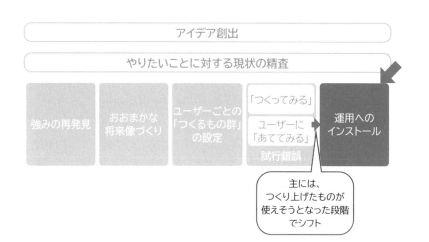

▶ 「運用へのインストール」では何をするのか

「運用へのインストール」のポイントは「使ってもらい方」です。実は忘れられがちなのですが、「使ってもらい方」も技術を活用するプロジェクトでは大事な要素です。

「使ってもらい方」とはどんなことかというと、例えば社内の業務改善ツールであれば、アナウンスして配布するだけでなく、ユーザー全員に使ってもらうための働きかけとして、研修を実施したり説明資料やマニュアルなどの整備も必要になってきます。また、商品やサービスとして販売していくのであれば、いろんなお客様に対応した提案資料の整備やその提案をわかりやすくするための動画などのコンテンツの作成、見本を見せて商品・サービスの価値を体感してもらう場づくりなどの、営業活動の試行錯誤も行なっていかなければいけません。「運用へのインストール」ではそういった「使ってもらう活動」が必要になってくるのです。

▶ 「運用へのインストール」を経てプロジェクトの体制が変化する

「運用へのインストール」では「使ってもらう活動」が必要になってくるということを考えると、できれば「『つくる』と『あててみる』」というフェーズを担っていた「つくるチーム」とは別の体制にしておけると、「使ってもらう活動」が動かしやすくなると感じています。

また、「『つくってみる』と『あててみる』の試行錯誤」では、ユーザーの声や反応を受けて「つくってみたもの」をブラッシュアップしていきますが、「運用へのインストール」では、最終的に使い続けてもらうため、「使ってもらい方」をブラッシュアップしていくことになります。この「運用へのインストール」の段階では、多くの場合ユーザーが格段に増えていくため、ユーザーの要望を全部受け止めて「つくったもの」を修正していくと収集がつかなくなります。そのため、つくったもののチューニングだけで

対応しないことが大切で、できるだけ「使ってもらうチーム」における「使ってもらい方」での試行錯誤で対応していくような進め方になっていきます。

	つくるチーム	使ってもらうチーム（セールス/利用促進）	使うチーム（ユーザー/顧客）
「あててみながらつくる」	「あててみる」ためのモノをつくるという意味で「主導」するが、必ずユーザーの声を拾いながらつくる	早い段階から巻き込めるなら巻き込みたい	できるだけ主体的な意見を出せる体制（定例会議や共同プロジェクト化など）
「運用へのインストール」	つくったモノのチューニング「だけ」で対応しないことが大切	大切なのは「使ってもらい方」（取説や説明方法などを含む）	「意見」よりも「使う」かどうかが重要 ※顧客であればお金を払うかどうかか
「使い続ける」	問い合わせを受け、必要ならば動く	問い合わせを受け、必要ならば動く	日々の運用業務として、使い続ける

縦の軸は、「あててみながらつくる」（＝「つくってみる」と「あててみる」の試行錯誤）から「運用へのインストール」の段階を経て、「使い続ける」（＝日常）に至る流れを表しており、その流れの中で、横軸の各役割（チーム）が何を行動するのかを記しています。（一人が役割を兼任する場合もありますが、体制としてチームは分かれます）

▶「運用へのインストール」を重く捉えすぎない

　想いを込めてつくり上げてきたものを、いざ使ってもらおうと思うと、どうしても構えてしまいがちですが、最終的に使い続けてもらうためには必ず「使ってもらう活動」は通らなければいけません。やらなければいけない宿題を休みの最終日に残してしまうように、「運用へのインストール」を後回しにしすぎると、プロジェクトの期間が延び続けてしまい、プロジェクト自体への信頼感が薄れたり、売り上げが立つ目途がずれ込んでしまうなど、あまりよくない状況も招いてしまう恐れがあります。

　私たちの「地図」のコンセプトのとおり、順番に固執せず、つくっている途中でも一部を切り出したり、ユーザーを限定したりしながら、部分的に「運用へのインストール」を平行させることで、プロジェクトを効率的に進めることができます。

　特に、商品やサービスとして販売していくのであれば、ターゲット顧客の見極めや、機能や部品の組み合わせ方のバリエーションなどの検討も必要です。

　あまり後まわしにせずに、早くから「運用へのインストール」を並行させる進め方を意識していくのが良いでしょう。

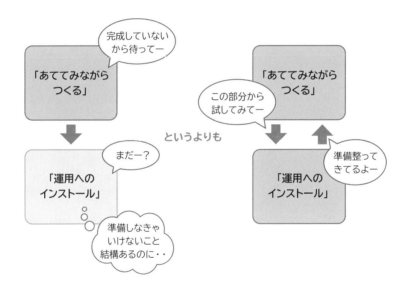

▶ 「運用へのインストール」まとめ

　私たちが考える「技術を活用するプロジェクト」は、「つくってみたけど現場でうまくつかわれない」という状況を避け、「つくってみたものを使い続けるまでにすること」を目指しています。

　そのために、ユーザーの声や反応を受けるだけではなく、実際にユーザーに「使ってもらう活動」を、「運用へのインストール」ではおこなっていきます。この段階では、説明資料やマニュアルの作成などの「使ってもらい方」の試行錯誤が大切です。

　「運用へのインストール」でも、検討が必要なことや整備しなければいけないことが多くあるため、私たちの「地図」を使ったプロジェクトでは、部分的にでも早い段階から「運用へのインストール」を並行して進め始めることをおすすめしています。

2▶8 「将来像づくり」

　「技術を活用するプロジェクト」では、「業務構造」を把握しておくことが大切です。プロジェクトでつくろうとしているものが、その「業務構造」の中のどの部分に効果を出したいものなのかを考えながら進めていくと、プロジェクトの目指す方向にズレが生じることを防ぐことにつながるからです。しかし、「業務構造」を把握する上で忘れがちな視点があります。それは「この業務構造のままでよいのか」ということです。

　例えば、ある企業が扱っている商材の市場規模がほぼ確実に減少していく状況であれば、現在の業務のやり方だけでは中期的に想定するものとして不足しているかもしれません。もしかしたら顧客の行動も市場に合わせて変わっていくかもしれません。そうなれば、自身の業務も変えていかないと、市場に取り残されてしまいかねません。

　「将来像づくり」では、企業や部門全体の中での「誰が」「何を使って（資産）」「誰に」「何をしていくのか」という業務構造における「将来像」を描いておくことで、現在のやり方に捉われすぎない、中長期的な視点をもちながら現状の業務構造を整理していくことができます。

▶ どのような時に「将来像づくり」をするのか

「将来像づくり」は、現状の定期的な見直しという意味も同時に持ちますので、できれば「定期的なタイミング」で行った方が良いでしょう。

例えば、月に1回や数ヶ月に1回の会議で、「私たちがこの企業／部門で目指しているのはこういう方向ですよね」と確認する会を設けても良いと思います。そしてその場で「もう少しこうしたほうが良いのではないだろうか」と雑談するだけでも良いかもしれません。

そんなに軽いトーンでやって意味があるのだろうか？と思われそうですが、大切なのは、「現状に捉われすぎない」ということと、「業務構造の視点で考える」ということにあります。

また、企業の将来像をつくるというと、限られた層だけで話し合われるイメージがあるかもしれませんが、「技術を活用するプロジェクト」においては、できるだけプロジェクトに関わるメンバー全員が、この視点を持って議論した方が良いと考えています。なぜなら、その将来像がプロジェクトの目指したいことにつながってきますし、プロジェクトとしてつくろうとしているものがどんな効果を求めたいのかという背景にもつながってくるからです。

ただ、全員で将来について話そうとすると、企業や部門の現状の課題や問題点が話題の中心になってしまうことがあります。それだけでは将来についての議論へ発展させにくいので、できるだけ「業務構造の視点」で「こうしたほうがいいのではないか」という形式で議論することが大切です。

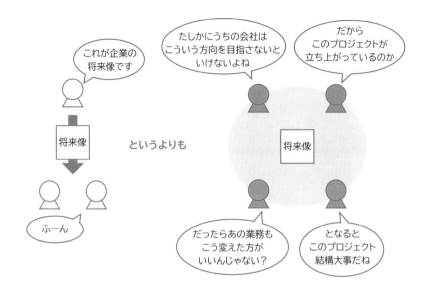

▶「将来像づくり」では何をするのか

　企業の皆さまにご相談をいただく際に、「将来像は描けていますか？」とお聞きすると、「ありますよ」と見せて頂くことが多いのですが、プロジェクトでの「やりたいこと」と同様、企業や部門によってその「将来像」の種類や粒度は様々です。

　それは将来像を描く際の目的が多種多様だからだと思いますが、こと「技術を活用するプロジェクト」においては、企業や部門における「業務構造」をどう変化させたいかという視点で将来像が描けていると、プロジェクトの「やりたいこと」に直結するため、プロジェクトが推進しやすくなります。

　では、プロジェクトの「やりたいこと」と、「将来像づくり」は何が違うのかと言うと、そこに至るまでの背景としての、より大きな将来像「も」描く点に違いがあります。

　企業や部門としての将来を見据える際には、当然「技術の活用」以外の視点も必要になります。様々なステークホルダーからの要請や、現在のビジネスや組織状況も加味しなければならないと思います。それらを踏ま

え、大きな将来像を描きながら、各役割の業務構造における将来像も描いていくのが、「技術を活用するプロジェクトにおける地図」での「将来像づくり」で行っていくことです。

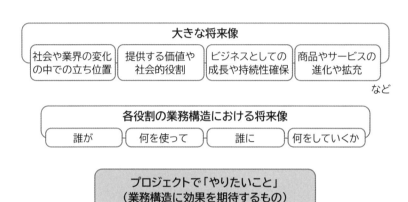

将来像の種類とその中で検討する事柄をこのような図で表現してみました。一般的な印象としては、上から下へと落とし込んでいくような図に見えるかもしれませんが、上部がないと下部が描けないわけではなく、「どこから描き始めてもいい」ものです。ただ描く上で、どの部分の視点で描いているかということを意識すると、より考えやすくなります。

▶「将来像づくり」まとめ

「技術を活用するプロジェクト」において「業務構造」は、様々な議論の土台になるので、できるだけ把握しておいた方がプロジェクトとしてはより良いと思っていますが、気をつけなければいけないのは「その業務構造が今後も変化しないものなのか」ということです。

企業や部門が中長期的にどのような姿になっていくのかという大きな将来像も意識しながら、プロジェクトに関わってくる役割ごとの業務構造がどのように変化していくのかという「将来像」を、プロジェクトの中で定期的に議論していくことが大切です。

　ここまでで、地図の説明は終了です。いかがでしょうか。地図のそれぞれのパーツの意味を理解できましたでしょうか。完璧に理解できなくても、雰囲気だけでも捉えていただけていると嬉しいです。さて、次章からは、いよいよ実践編です。具体的なDXプロジェクトをもとに、地図の使い方を説明していきます。

第3章

ケーススタディ①
「つくってみる」「あててみる」を主軸にしたプロジェクト

既存事業において日々の業務を受け持ちながらも、ニュースからAI等のデジタル技術への期待や危機感を感じ、何かデジタル技術を自分の業務で活用できないのか、今のこの業務はAIを使えばもっと効率化できるのではないか、と思っている方は多いのではないでしょうか。正直、現場から始まるDXは、成功することが多いと感じています。それは、何よりも現場の課題、つまり解くべき課題を明確にすることができるので、現場にとって必要とされるものが出来上がるからです。

　ただ、そんな現場からのDXにおいても課題はあります。それは、近視眼的な視点に陥りやすく、目の前の業務だけに最適化してしまうことです。その弊害は、多岐に影響を及ぼします。例えば、仕組み化できないことで手が回らなくなったり、限られた業務にしか展開できていないので会社全体に波及していかない、などです。
　そこで、重要になるのは、つくりながらも全体を見通す目を定期的に持ち、なんのためにつくろうと思ったのかを考えながら、仕組みを整えていくことです。ただし、目の前の課題に対して、何かしらトライすることは非常に大事な一歩です。その一歩をさらに進めていくための体験をしていきましょう。

💬 3章の地図

アイデア創出
やりたいことに対する現状の精査

強みの再発見	おおまかな将来像づくり	ユーザーごとの「つくるもの群」の設定	「つくってみる」／ユーザーに「あててみる」 試行錯誤	運用へのインストール

　本章では、地図の「つくってみる」「あててみる」に重点を置いて、進めていきます。つくるが中心であっても、少しだけ頭の中で目的意識を持つこ

とによって、プロジェクトは上手くいきます。データ分析プロジェクトを題材に、データの取り扱いや可視化/分析のポイントも説明していきます。

▶ あなたが置かれている状況

あなたは、アパレルメーカーのマーケティングチームに所属しており、主に商品企画判断などを担当しています。アパレルメーカーと言っても幅広い形態がありますが、この会社では自社店舗を持たずに、量販店のネットワークを用いて販売してきました。小型店舗への卸も行っていますが、主に、大型の量販店経由での販売売上で継続的に成長した会社です。そんな中、あなたは、商品企画チームから上がってくる、商品企画の妥当性を判断し、商品化の決裁を出します。

ただし、昔から、商品企画チームの方が社内的に重要とされており、基本的にはGo判断を行うための資料を集めるのが実態となっています。また、商品企画チームは、感覚に頼った企画を行っており、AIなどを中心にデータが重要と言われている世の中とのギャップを感じています。そのため、自分自身は、AIやデータ分析を取り入れていきたいが、方法が分からず、最初の1歩に困っています。

● **ビジネスおよび社内の構造**

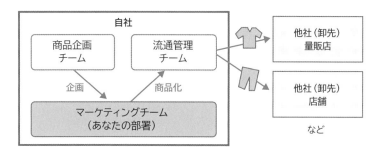

3▶1 まずは分析をやってみる ための設計を行う

　最初の一歩を踏み出しますが、まず何をやるべきなのでしょうか。

　正直に言うと、最初の一歩に正解は存在せず、あなたの頭の中で浮かんだものをやるのが良いと思います。ただし、なるべく今の業務の関係性を変えずに、出来ることからやってみることをおすすめします。これから、失敗も含めて長い旅となりますが、旅を成功させるためには、社内外の仲間を増やすことが非常に重要となります。いきなり、誰かの業務を変えようとするのではなく、一緒に納得して変えていくのが良いでしょう。

　今回は、自分の業務である商品企画の妥当性判断をデータに基づいて行うことを考えていこうと思います。こういった際に、商品企画チームに、「これからは、過去の売上比較分析をして、○○円以上にならないと企画をOKしません。」といきなり断じてしまうと上手くいかないことは想像できますね。そこで、まずは、商品企画チームが少しでもデータに基づいて企画を行えるような情報提供をするために、あなた自身でデータを可視化/分析してみて、商品企画チームに必要だろうと思えるものをつくっていきます。今回の地図の中で言うと、「分析」は「つくってみる」に該当します。分析するというのは、ユーザー（今回で言うと商品企画チーム）が居て、ユーザーに対して分析をする（情報をつくる）ので、「つくってみる」になります。この分析や可視化したものが、ユーザーにとって有益なのかどうかを検証するのが「あててみる」になります。

● **本章のケースにおける「つくってみる」「あててみる」**

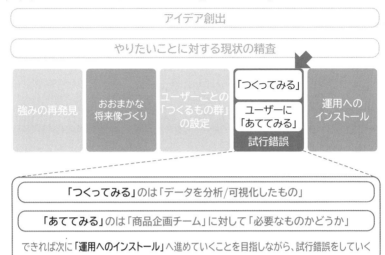

● **「つくってみる」**

　それでは早速、分析をしていきたいと思いますが、いきなり分析と言われても、どうしようか考えてしまいますね。分析の設計をする、というのも大事ですが、同じくらい大事なのが、やってみること、です。あまり深く考えすぎず、ポイントを押さえて進めていきましょう。一般的な分析の進め方と考えるべきポイントを次図に示します。

● 分析のステップ

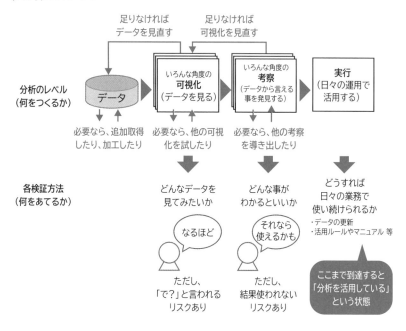

　最初に分析設計として、目的の設定、可視化の方針（切り口）を整理しつつ、必要なデータを洗い出します。その後、データ収集を行い、分析できる形に加工した後、様々な切り口で可視化を実施します。切り口は、分析設計の段階である程度想定しておくと良いでしょう。その可視化をもとに、考察してレポートなどにまとめます。また、忘れがちなのが、最後の実行です。分析の目的は、あくまでもデータを考察し、施策につなげることです。そこまで意識して進めていきましょう。少しわかりにくいですが、これも、「つくる」と「あてる」の繰り返しです。可視化を実施した段階であててみることで、方向性として間違っていないかを確認し、もし不足していたら分析の設計を見直し、データ収集に戻ることもあります。

　そのため、先ほどと繰り返しになりますが、綺麗に上流から落としていくのは重要ですが、それと同じくらいやってみることが重要です。特に、こういったプロジェクトの開始時は、部署間の壁が厚く、最初にヒアリングも行えない場合が多いので、今できることやわかる範囲の仮説で良い

ので少し考えてみましょう。

それでは、できること、を意識して、①分析の目的、②ユーザー、③可視化の切り口、④データ、⑤評価方法を簡単に考えてみましょう。あまり深く考えすぎないのがポイントです。

● 分析設計

分析の目的	商品企画に有効な分析を行い、商品企画の売上の増加につなげる
ユーザー	商品企画チーム
可視化の切り口	商品の種類別に売上の特徴はあるのか、顧客別に売上の特徴はあるのか、最近の売上推移はどうなのか
データ	売上データ（商品別、顧客別）、商品マスタ、顧客リスト
評価方法	商品の売上

まずは、分析の目的からです。商品企画に有効な分析を行い、売上増加につなげる、という少し抽象的な目的を出しています。自分の視点では、妥当性判断をするということをやっていきたいところですが、今回のユーザーはあくまでも商品企画チームです。そのため、商品企画チームにとって、何かしらの有効な情報（分析）を提供することで、売上増加につなげるというのを目的として設定しています。目的を設定する際のポイントとしては、常に、上位、下位を意識することです。例えば、「商品企画チームに情報提供をすること」というのを目的として設定しても良いのですが、情報提供をする目的は何か、のように上位概念をもう一段考え、ユーザーである商品企画チームにとって有用ではないかと思えるような目的を設定しておくと良いでしょう。また、「有効な分析」のように、かなり抽象的な内容もありますが、この時点では正解も分からないので、この程度で問題ありません。もうお気づきの方もいらっしゃるかと思いますが、分析の目的とユーザーは、言い換えてみると、「あててみる」の想定になります。

では、可視化の方針、切り口はどうでしょうか。ここで、少しだけ「有効な可視化」とは何かの仮説を考えることになります。現時点では、商品企画チームがどのような観点で商品企画を行っているかが正確に分からないので、普段の業務を思い出しながら、仮説を考えてみます。ここでは、「昔からうちは、○○形状の洋服が強いから、同じ形状のものを企画しました」「取引先のA社には、こういった服が喜ばれるから、こういった商品が良いと思います」のような言葉を思い出して、商品種類別の売上、顧客別の売上を考えてみようと記載しました。ちなみに、普段の業務から検討がつかない場合は、「売上」のような「数字」データと、「商品種類」のような「カテゴリ」データをベースに考えて、洗い出してみると良いでしょう。マーケティングで言うと、数字データが「売上」「コスト」「利益」等で、カテゴリが「製品種類」「顧客」「営業拠点」等が代表的なものとして考えられます。また、カテゴリのように切り口として重要なものとして、「時系列」という要素もあるので、覚えておくと良いでしょう。

　では、記載した可視化の切り口に対して必要なデータは何かというと、大まかに言えば、売上データ（商品別、顧客別）、商品マスタ、顧客リストが考えられます。この時に、誰に問い合わせればデータをもらえるかも、少し意識しておくと良いでしょう。

　最後に評価方法です。分析の目的を達成できた、もしくは、何かしらの改善ができた、と言えるようになる指標です。非常に難しいのは承知で、有効な分析を商品企画チームに提供することで、売上が増加するはずなので、一旦、評価は売上と置いておきましょう。

　何度も言いますが、深く考えなくても大丈夫です。やっていない時点で、考えすぎると、自分の考えを正解だと考えてしまいます。完璧なものをつくるよりも、この分析設計を更新していく作業の方が重要です。

　いかがでしたでしょうか。まずは、この程度で良いので、考えてみるというのは重要です。

　あまり時間かけずに、30分程度でまとめてみるのが良いと思います。

　さて、次は、データを集めにいきましょう。まだまだ、「つくる」は終わっていません。

3▶2 まずは分析をやってみるためのデータ収集／と加工

　先ほど考えたように、今回は、売上データ（商品別、顧客別）、商品マスタ、顧客リストを想定しています。データを集める際に、意識するのはデータの粒度です。例えば、売上データと言っても、次表のような通年の売上データではできる分析が限られてしまいます。

💬 **通年の売上データ**

年	事業部	売上（百万円）
2021	A事業部	21
2021	B事業部	10
2021	C事業部	42

　データ分析では、なるべく細かい粒度のデータをお勧めしますが、データの粒度が細かくなればなるほど、加工や集計に手間がかかります。そこで、プログラミングやBI（ビジネスインテリジェンス）ツールの出番です。Excelでも良いのですが、プログラミングを利用することで、データが変わってもプログラムを実行するだけで処理ができるため、繰り返し利用可能です。データ分析を行う上で、データ加工が1回だけ、ということはなく、例えば、次月になったらデータ更新等が考えられます。なるべく、初期段階から繰り返し利用することを意識したプログラミングによる加工を心掛けておくと良いでしょう。プログラミングスキルを身につけておく、もしくはそういったメンバーをプロジェクトにアサインできれば、細かいデータや大量データを扱うことへの恐怖心は薄れるはずです。

　データ収集の話に戻しつつ、なぜ、細かい粒度が良いのか、またその際の注意点を確認していきます。今回は、トランザクションデータが最も細

かいデータと考えられます。トランザクションデータは、いつ、だれに、何を、何個売ったか、を保持しているデータです。このトランザクションデータがあれば、集計を行うことで売上が算出できます。例えば、月別に集計を行えば、月ごとの売上推移なども見られます。このように、特に初期の分析段階では、見るべき視点が多岐にわたるので、データの粒度をなるべく細かい状態で保持しておくのがおすすめです。さて、トランザクションデータは、一般的には、下記のような構成になっていることが多いです。

💬 **トランザクションデータの例**

トランザクションID	購入日	顧客ID	商品ID	個数
TR00000184261	2021-01-08 12:13:45	C00452	I00312	300
TR00000184263	2021-01-08 12:15:45	C00402	I01120	20
TR00000184264	2021-01-08 12:18:45	C00452	S00201	100

　これは、あくまでも一例ですが、比較的シンプルなデータの例です。さらに、キャンペーンや値引きなどのデータを保持していることも多く、そういった場合はさらに複雑な数字が羅列されたデータになります。このようなシステム系のデータは、無駄を省くために、様々な情報をIDで管理することが多いです。今回は、商品ID、顧客IDもデータとして、保持していますが、非常にトランザクション数が多い場合などは、トランザクションID、購入日、合計金額のみをトランザクションデータとし、トランザクションの詳細は別でデータとして保持しているケースも多々あります。つまり、このようなシステム系のデータは、データの粒度が細かい利点はあるものの、人間にとって分かりにくいデータであることが多く、データの加工が必須になってきます。今回の場合、商品の情報、顧客の情報がIDのままだとわかりませんし、商品の単価がわからないと、売上が算出できません。そのため、次表のようなデータを収集し、加工することにしましょう。

💬 **商品データの例**

商品ID	商品名	単価	商品種類	発売日
I00312	無地Tシャツ	500	Tシャツ	2020-12-01
I01120	デザインシャツ	1050	Tシャツ	2020-12-05
S00201	クールワイシャツ	2500	ワイシャツ	2020-12-01

💬 **顧客データの例**

顧客ID	顧客名	担当営業
C00452	B会社	山田 卓也
C00402	A会社	鈴木 太郎

　システムによって、保持しているデータは様々ですが、商品データには商品名、顧客データには顧客名を基本的に保持しています。繰り返しになりますが、システムは、なるべく軽量になるように作成されるので、動きの多いトランザクションデータと、動きの少ない、商品、顧客データは別で持っています。このように、動きの少ないデータをマスタデータと呼ぶことが多いです。

　では、データが揃ったので加工を考えていきましょう。これまでに出てきたデータを考えると、トランザクションデータに、顧客データ、商品データを単純に結合すれば良いと考えられます。その際に重要なのは、結合するためのキーです。今回のデータで言うと、トランザクションデータと顧客データは顧客IDを、トランザクションデータと商品データは商品IDを接着剤にしてくっつければ良さそうですね。イメージは、次図になります。

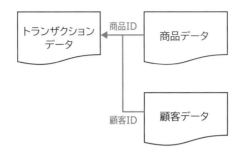

これを結合すると、次表のようなデータになります。

● 結合後データ

トランザクションID	購入日	顧客ID	商品ID	個数	商品名	単価	商品種類	発売日	顧客名	担当営業
TR00000184261	2021-01-08 12:13:45	C00452	I00312	300	無地Tシャツ	500	Tシャツ	2020-12-01	B会社	山田 卓也
TR00000184263	2021-01-08 12:15:45	C00402	I01120	20	デザインシャツ	1050	Tシャツ	2020-12-05	A会社	鈴木 太郎
TR00000184264	2021-01-08 12:18:45	C00452	S00201	100	クールワイシャツ	2500	ワイシャツ	2020-12-01	B会社	山田 卓也

　このように、横に情報が結合されます。これを、ジョインと言います。単価と個数が1つのデータになったので、掛け算をすることで、売上金額が計算できます。明らかに、必要なものは、ここで計算してしまっても良いでしょう。

　加工の方針、結合後のデータのイメージもできましたか。今回の加工は、①トランザクションデータに商品データを結合する②トランザクションデータに顧客データを結合する③売上を計算するの3つですね。非常に簡単なので、ExcelのVLOOKUPやセル内の計算でも作成はできます。ただ、繰り返し性も考慮して、プログラミングで加工を行うのが良いでしょう。

　データ分析においてよく用いられるプログラミング言語は、Python、R、SQLなどです。Python、Rは、どちらもPC1台で手軽に動かせるので、CSVファイル等のデータを手軽に加工するのには向いています。SQLは、データベースのデータを加工するのに向いている言語で、CSVではなくデータベースに直接アクセスする場合には、必要となるでしょ

う。おすすめは、PythonとSQLを覚えておく、もしくは、そういったスキルを持ったエンジニアを味方につけておくことです。SQLは、システムエンジニアであれば比較的馴染みがあります。RではなくPythonなのは、好みもありますが、Pythonの方があまり癖もなく、プログラミングを触ったことがない人でもとっつきやすいので、システムエンジニアであればなおさら覚えるのは容易です。データサイエンティストが見つかれば良いのですが、コストの面も含めてなかなか見つからない場合は、データサイエンティストに興味があるシステムエンジニアを味方につけるのが良いと思います。

　自分でやらずに、エンジニアにお願いする場合、最低限、要件として、分析設計の内容、加工の3ステップ、インプットデータ、アウトプットデータを、パワーポイントなどにまとめて伝えることで、コミュニケーションの齟齬が生まれにくくなります。もちろん、こういったまとめは、自分で加工する場合にも重要なので、出来るだけこまめにまとめておきましょう。イメージは、下記の通りです。

💬 **分析設計と加工設計**

分析設計

分析の目的
商品企画に有効な分析を行い、商品企画の売上の増加につなげる

ターゲット
商品企画チーム

データ
・トランザクションデータ
・商品マスタ
・顧客リスト

可視化の切り口
・商品種類別に売上の特徴はあるのか
・顧客別に売上の特徴はあるのか
・最近の売上推移はどうなのか

評価方法
売上（増加）

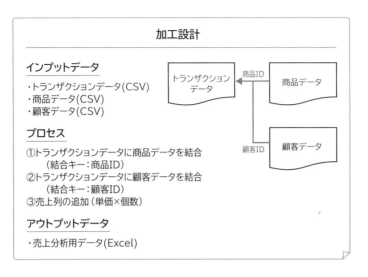

ここで、一点注目していただきたいのですが、分析設計の部分のデータが更新されている点です（枠内部分）。収集の過程で、「トランザクションデータ」という、具体的な名称がわかったので更新しています。ファイル名なども収集できたら、合わせて掲載しておくと良いでしょう。加工設計に関しては、結合キーなどがわからない場合もあるので、「結合キーの確認もしてほしい」という旨も含めてエンジニアに依頼するのが良いでしょう。

　加工が終わったら、加工が正しく行われているのかをしっかりと確認するのを忘れないでください。意図しない加工によって、間違ったデータで分析しないように、丁寧に検算をしましょう。特に、結合によって、データが予期しないで2倍になることがあります。その場合、売上が、2倍になってしまうケースもあるので注意しましょう。出したデータが間違っていると、一気に信頼を失うことになるので、慎重に検算し見直すようにしましょう。

　さて、これで加工までが完了しました。

　ここまでを少し振り返ると、最初に分析の設計、つまり「あててみる」の想定を行いました。そのあと、「つくりたいもの」のために必要な材料

の収集を行いました。このように、「つくってみる」と言ってもすぐにつくれるわけではなく、「つくってみる」ための準備が必要です。下準備は、「つくる」を下支えする非常に重要なステップなのでしっかり意識していくと良いでしょう。

　加工が完了したら、いよいよ可視化になります。

3▸3 売上データを可視化してみる

　では、可視化に移っていきます。前述した分析のステップで、可視化と考察を明示的に分けていますが、可視化はその名の通り、グラフを作成したりすることです。これは、事実（ファクト）を集めて見やすくすることに相当します。考察は、いくつかの事実から何かしらの知見を考えだすことです。例えば、商品別の月ごとの売上および顧客数推移の可視化を行うことで、売上は横ばいだが、顧客数が減少しているという事実を見つけ、1社あたりの取引額を高くした高単価ビジネスに変わってきているという考察ができます。これは、重要なお客さんにフォーカスする施策を打った結果であれば順調な動きですが、心当たりがないとすると、顧客数が減少している要因を突き止め施策を打つ必要があるという考察に至るかもしれません。このように、可視化と考察は違います。可視化はただの事実ですが、考察はその事実から導きだすもの、と区別して認識しておきましょう。

　今回のケースでは、ターゲットが自分自身ではなく商品企画チームであることから、商品企画チームがどのような知見を得たいのかがはっきりわかっていません。そのため、考察までは深堀せず、商品企画チームに何度もあてる前提で、いろんな切り口で可視化してみましょう。考察までを自分の中だけで一気に導き出して、あてた時に、検討外れの考察を持っていってしまい、関係性が悪くなるケースもあるので、現段階では、深堀しすぎないように注意しましょう。

　では、可視化を考えていきます。可視化は、大きく2つのステップに分けられます。①データ精査および概要の把握、②考察に向けた可視化です。①のデータ精査および概要の把握は、データの件数、データの代表的な統計値（平均、最小、最大、中央値など）、データの分布を把握していくこと

86

です。データ加工に間違いがないかを再確認できるので、必ず行うようにしましょう。データ加工の部分でも述べましたが、加工のミスはプロジェクトを進める上で致命傷になりかねないので、しっかり検算しましょう。

　また、データの統計値、データの分布を把握することで、②の考察に向けた可視化が非常に効果的に進められます。今回のケースで言うと、例えば、売上の平均値を1つの基準として頭に入れておくことで、様々な切り口で可視化を行った際に、「この商品は異常に売上が低い」などの知見を発見しやすくなります。そのため、単純に全てのデータの統計量を見るだけではなく、商品別の統計量を見ておくなどもしておいて、頭の片隅にとどめておくと良いでしょう。これは、前述したデータ加工の間違いの発見にもつながるので、商品別に異常な売上が出ていないかなども合わせてチェックしていきましょう。

　①のデータ精査および概要の把握において、データの件数とデータの代表的な統計値（平均、最小、最大、中央値など）は表形式で数字を出しておくので十分で、グラフ化までは必要ないことが多いです。データの分布に関しては、データをいくつかの階級に分割して、その階級ごとのサンプル数を集計するヒストグラムというグラフが向いています。例えば、0〜1000円、1000円〜2000円、のように売上を階級化して、その売上階級別に、サンプル数を取ります。売上データのようなものは、一般的には低い売上階級のサンプル数が多くて、高い売上階級になるほどサンプル数が小さくなってくるような分布が多く、これはべき分布と言います。この場合、平均値と中央値が乖離するので、単純に平均値だけを見てはいけません。一方で体重や身長などは、特定の値を中心に、左右対称にデータが分布し、これを正規分布と言います。正規分布は、平均値と中央値がほぼ同じ値になります。売上などのビジネスデータは、前者のべき分布が非常に多いです。ほとんどのビジネスが、2割の顧客で8割の売上を占めていたり、2割の商品で8割の売上を締めているパレートの法則（2：8の法則）となっています。

💬 べき分布と正規分布

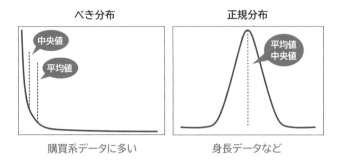

💬 パレートの法則

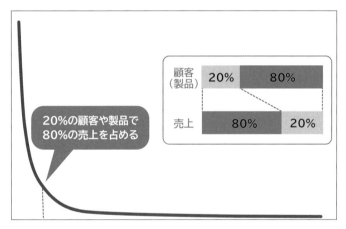

　②の考察に向けた可視化は、切り口を意識して、いろいろな可視化を作っていきます。ここは、特にケースバイケースになることが多いのですが、ここで意識した方が良いと考えているのは、「データ列の組み合わせ」をイメージしてみることです。今回のケースで考えると、「購入日」「商品種類」「商品名」「顧客名」「担当営業」「発売日」「単価」「個数」「売上」がありますが、そこに「件数（今回の場合はトランザクション数）」を追加した10個を考えます。これは、「購入日」「商品種類」「商品名」「顧客名」「担当営業」「発売日」「単価」と「個数」「売上」「件数」に分けられます。前者は切り口、後者は指標です。基本的には、これらの組み合わせを考えれば良く、

例えば、「商品種類」×「個数」であれば、商品種類が横軸、個数の合計（もしくは中央値等）が縦軸の棒グラフを作成します。これは、商品種類×個数なので2軸で、便宜的にレイヤー2と呼びます。さらに、この掛け算を増やしていくと、より細分化された部分を見ていくことに相当します。「商品種類」×「顧客名」×「個数」とすれば、商品種類、顧客別の個数が見られるので、どの商品種類がどの顧客に売れているかまでわかります。では、ガムシャラに軸を増やせば良いかというとそういうわけではありません。軸が増えれば増えるほど、細かい領域に入っていくので、グラフが見づらくなっていきます。「商品種類」×「顧客名」×「個数」のように切り口が2つであれば、縦軸に「商品種類」、横軸に「顧客名」、セル内に「個数」を入れることでヒートマップとして辛うじて見ることができます。ただし、商品種類だけで見た方が大局的に見ることができるので、最初から細かい部分を見ていくのではなく、徐々に軸を増やしていくのが良いでしょう。そういう意味では、最初は2軸のグラフをたくさん作って、大きいところからブレイクダウンしていくのが重要です。

💬 切り口と指標

● 分析レイヤーの考え方

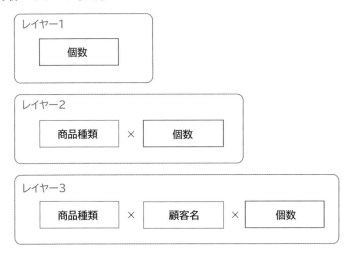

レイヤー1

| 個数 |

レイヤー2

| 商品種類 | × | 個数 |

レイヤー3

| 商品種類 | × | 顧客名 | × | 個数 |

　可視化の考え方が分かったところで、何を使って可視化するのか、を考えていきます。これは、本書で一貫して話していますが、重要なのは「つくってみる」「あててみる」を繰り返していくことであり、それは試行錯誤をやっていきましょう、ということです。これは可視化においても同様にあてはまることで、「試行錯誤がしやすい方法」で可視化をすることをぜひ意識していただきたいと思います。今回で言えば、「商品種類」を見たけど、やっぱり「顧客名」で見たい、となったときに素早く手軽に実現できる、ということです。それを容易にしてくれるのがBIツールであり、その中でも特にTableauがおすすめです。プログラミング（Python）もしくはExcelでも可能なのですが、正直なところBIツールがあるかないか、で試行錯誤の効率は大きく変わります。Excelがイメージしやすいと思うので、Excelでの可視化プロセスを考えてみると、今のデータをピボットテーブルで集計する、グラフを作成する、なので、必ずひと手間かかります。プログラミングを用いても基本的には同じで、集計する処理、可視化処理の2ステップです。プログラミングの場合、繰り返し性が担保できるので、データが更新された際にExcelよりも有利ですが、集計、可視化の2つのプログラムを書かなくてはいけないので、可視化の試行錯誤に

はあまり向いていません。慣れているのであれば可視化はExcelでも良い
のではないかと思うくらいなので、プログラミングとExcelは正直、大差
ないと思っています。その点、BIツールは、繰り返し性の担保と可視化の
試行錯誤がしやすいツールです。どのツールを選ぶかによって、若干性質
が異なりますが、私が利用した範囲ではTableauが最も可視化の試行錯誤
が得意だと思います。

　では、今回のケースで、実際に可視化してみましょう。今回は、Tableauで
の可視化結果の一例を示します。①のデータ精査および概要の把握は、デー
タ件数、統計量、売上のデータ分布、個数のデータ分布を示しています。

● データ精査および概要の把握グラフ

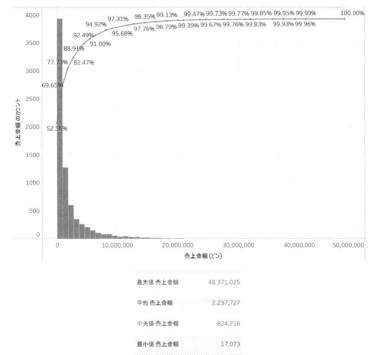

売上のデータ分布を見ると、やはり「べき分布」となっており、裾を引

いています。ほとんどの売上は、1万円〜100万円程度ですが、最大値は約4800万円となっています。可視化をして分布をみると分かるように、平均値と中央値が乖離しているので、安易に平均値で議論するのは避けましょう。自分たちのビジネスを把握するというイメージを持って、数字を把握しておきましょう。

　では、続いて、②の考察のための可視化ですが、今回は、商品企画チームに有効な分析を提供するための前段階として、まずはあててみるために作成します。その場合は、ある程度の仮説は持ちつつも、幅広くグラフを作成しておくと良いでしょう。「商品種類」×「売上」、「顧客名」×「売上」、「購入日（月）」×「売上」の基本グラフを作成しておきましょう。また、どこまで有効になるかはわかりませんが、「発売日」からの日数×「売上」を作成しておき、商品の売れ方をディスカッションできるようにしておきます。また、もし、Tableauを利用している場合は、フィルタもいくつか準備しておくと良いでしょう。ディスカッションの際に、「○○のデータだけ見てみたい」という意見が出ることが多いので、その場でフィルタを操作すると、議論が盛り上がります。

　ユーザーへあててみる際に、ツールによって持っていく媒体は異なりますが、大別すると、パワーポイントに貼って持っていくか、そのツールのまま持っていくか、の2種類です。あててみるの特色が濃い場合は、パワーポイントではなく、ツールのまま持っていくのが良いでしょう。パワーポイントだと、どうしても報告する形になってしまい、ユーザー側が批判モードになってしまって、多様な意見を引き出すことが難しくなってしまいがちです。ただ、前提条件やしっかりと伝えた方が良いことがあるため、その部分だけはパワーポイントで持っていくのが良いでしょう。そのため、最初の導入はパワーポイントで、その後のディスカッション部分は各ツールで行うというイメージが良いと思います。また、期待値の調整は非常に重要です。例えば、「前提：今回は『こうしたい』『こうすべき』というようなご提案ではありません、材料をもとに皆さんの感覚を聞いてみたいという会です。やさしくお願いします」のように、話すと良いでしょう。

💬 **考察のための可視化グラフのイメージ**

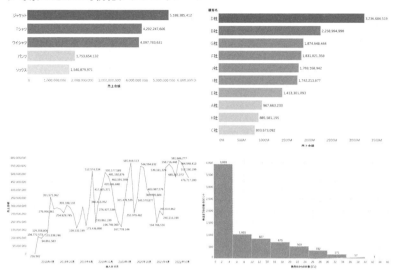

　これで、「あててみる」ための「つくってみる」は終了です。可視化や分析方法などの技術的な部分と同じくらい、想いや会議の場作りのための準備も重要ですので覚えておきましょう。

　どんなツールを使うかによりますが、設計、加工、可視化まではあまり時間をかける必要はありません。3日～4日程度を目安に、最大でも1週間くらいで、作業を完了するイメージを持つのが良いでしょう。データを収集するところは、大抵は誰かに依頼することが多いため、どのくらい時間がかかるか読みにくいので、注意してください。理想的には、分析設計、データ収集の方針を2時間程度で考え、データ依頼を行います。届き次第、データの中身を確認し、2時間程度でデータ加工方針を立てて、さらに半日程度で加工と簡単なデータの確認を完了させます。その後、可視化のデータ精査と概要の把握に半日、可視化を2時間程度で行います。そのため、作業自体は2日程度の工数（2人日）でおさまり、データ収集の待ち時間にも寄りますが、最短で3日程度で済みます。また、慣れてきたら、データ加工が完了した時点で「あててみる」相手に打ち合わせを打診しておくと、手持ち無沙汰にはならずに進められます。加工の前に、打診してしまう

3

ケーススタディ①　「つくってみる」「あててみる」を主軸にしたプロジェクト

と、受領したデータに不備があった際は再度依頼をかける必要があり、打ち合わせまでに間に合わないリスクが出てきます。また、この中で時間をかけた方が良いのは、データの精査です。特に、データ加工の間違いが他部門との打ち合わせで発覚すると致命傷になりかねないので、気を付けましょう。打ち合わせの中で、相手に「売上が倍になっていない?」と指摘されると、その後のディスカッションで何を見せても「ほんとに数字大丈夫?」と言われ続け、信頼関係を築けない可能性が高いです。慣れるまでは、無理せずに時間をかけて進めても問題ありません。

　さて、完成したグラフと資料を持って、次はいよいよ「あててみる」に移っていきます。

3▶4 ターゲットにあててみて、情報を引き出す

では、ここから「あててみる」になります。今回は、商品企画チーム5名に時間を取ってもらい、打ち合わせを実施します。今回は、あまり堅くならずに、「相手を知る」ことに注力します。相手を知るというのは、厳密に言うと、「相手の業務を知る」ことです。どのような時に、どのような仕事をしているか、がわからないと、どのような情報を相手に提供すれば良いかは見えてきません。情報は、適切なタイミングで、適切な情報を伝える必要があります。

💬**「あててみる」**

流れとしては、冒頭で自分自身が考えていること、つまりプロジェクトの概要と会議の目的を説明します。これは、このプロジェクトへの想い、やっている目的、今日聞きたいこと/教えてほしい事を伝えます。その後は、グラフを見てもらいつつ、商品企画の際に、どのような情報が見たいかのディスカッションに移っていく流れです。冒頭説明のプロジェクトの概要は、分析設計の資料を中心に話をすれば良いでしょう。特に、目的部分の商品企画チームに有効な分析や情報を提供したい旨をしっかりと伝えていきます。会議の目的に関しては、ヒアリングに重点を置いている

ことを伝え、今回の会議に持ってきた資料やグラフはあくまでもたたき台であり、切り口や普段考えていることをヒアリングさせてもらうことでブラッシュアップしていくことを必ず伝えましょう。会議の期待値コントロールは、非常に重要な要素です。特に、商品企画チームも巻き込むという意識を持つためにも、一緒に考えていく仲間であるという一体感を作り出すことが重要です。そのためにも、期待値がずれて、参加者からプロジェクト自体の評論が出てくるのは避け、あくまでもたたき台であり、一緒に改善策を考えてプロジェクトを成功させていきたい、という場作りを意識するのが良いでしょう。

● パワーポイント資料のアジェンダイメージ

アジェンダ

本日はお忙しいところありがとうございます！よろしくお願いします！

想い	「こうしたい」「こうすべき」というようなご提案ではなく、お持ちした材料をもとにみなさんの感覚を聞いてみたいという会です。おてやわらかにお願いします！
目的	マーケティングチームで持っているデータは、加工・分析次第で、商品企画チームの「商品企画」に少しでも活かしてもらえるものなのかを模索しています
お聞きしたい事	今回お持ちした資料は、手探り状態のたたき台です。ただ意外と、加工・分析すると、色んなグラフなどが出せますので、「こんなデータは出せないか？」「こんなグラフにはならないか？」というやりとりを、ざっくばらんにさせて頂きたいです

　後半のヒアリングでは、グラフを見せながら、議論をしていきます。ヒアリングでは、自分がやったこと（今回で言うと加工や可視化）の説明に割く時間を極力少なくして、なるべく引き出す意識を持ちましょう。ただし、引き出す際に、「どんな情報を提供すれば嬉しいですか？」や「困っていることはありますか？」と直接聞くのは避けた方が良いでしょう。何かしらの仮説を持って聞いていくことが重要です。自分が相手の立場になってみると、抽象的すぎて回答に困ることが想像できるのではないで

しょうか。質問を少し具体化して、「企画プロセスはどのような手順で
やっていますか？」や「売上の予測はどのように考えて立てていますか」
などのように、業務の流れを中心に聞いていくと良いでしょう。また、今
回作成したグラフは、ヒアリングをより具体化するためのツールだと
思ってください。「過去の商品別の売上を簡単に見られるようにこのよう
なグラフを作ってみたのですが、企画立案時に見たいと思いますか？」の
ように聞いてあげると、答えやすいので様々な意見が出てきます。この時
点では、「このグラフは、企画時に見ない（使えない）」という言葉が出て
もめげる必要はなく、むしろチャンスです。見ないのであれば、「どのよ
うなグラフだったら見ますか？」や「どの辺が使えないと思いますか？」
のような質問を投げかけていくことで、実際の業務の流れを頭に浮かべ
ながら答えてくれるようになります。

　もう一点だけ、ヒアリングの際に意識しておくと良いのが、議論のレイ
ヤーです。目的の設計の際にも話したことでもありますが、上位、下位、
並列を意識して、今、どの話をしているかを常に考えて、話を広げていく
のが良いです。例えば、「商品企画の際には、○○を見ている」という返答
を引き出せた後に、「それって、なんのために見るんですか」と質問をす
ると上位概念のヒアリング、「他にも見ているものってありますか」と質
問をすると並列要素のヒアリング、「売上をどのように見ていますか」と
質問をすると下位概念のヒアリングになります。人にもよるのですが、質
問を投げかけて、相手が答えにくそうだと思ったら、下位概念の質問を投
げかけてあげたり、下位概念の例を出してあげたりすると、答えが返って
くることが多いです。常に、今、議論がどのレイヤーのどの部分の話をし
ているのかを意識して、まだ埋まっていない部分を中心にヒアリングし
ていくと良いでしょう。

💬 議論のレイヤーのイメージ

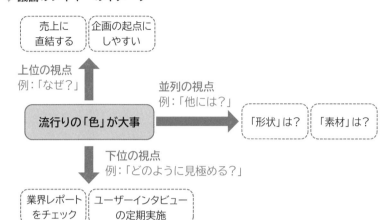

今回の会議では、次のような意見が聞けました。

💬 ヒアリングメモ

ヒアリングメモ

- 売上は大事だと思っているけど、企画時にはあまり見ない。

- 他社の売上も見れないと意味がない。

- 数字よりも、社会で何が流行っているかを見たい。だいたい、サイトA、サイトBにファッショントレンドが掲載されていて、見ることが多い。

- 他社がどんな洋服を出しているかの方が重要。

- 大口のお客さんに関しては、特別な企画会議が存在する。つまり、一般の企画会議と、大口顧客専用の企画会議の2種類がある。

- チームというよりかは、各個人が企画を検討し、企画会議にかける。人にもよるけど2週間くらいで企画をまとめることが多い。

- 1回で企画会議は通ることは稀で、大体は2回以上企画会議に出すことが多い。

- 顧客に関しては、それぞれ好みの製品がある印象。重要な顧客は、この売上グラフで上位にいる「B社」と「D社」。

- 大口顧客の特徴は過去のデータから見ているが、引っ張ってくるのがいつも面倒なので、今日のような売上データが簡単に見れると嬉しい。

- 発売日からの売上の下がり方とかは見たことなかったので面白いと思った。ただ、企画にどう活かして良いかはわからない。

　まず、重要なのは、業務として、各個人が2週間程度で企画検討を行い、一般向け企画会議と大口顧客専用企画会議の2つがあり、再提出もあるという点です。少し業務の流れを理解できませんでしょうか。また、大口顧客専用企画会議には、顧客の分析が少し有効になる可能性が高い意見が出ていますね。そう考えると、一般向け企画会議と大口顧客専用企画会議では、商品企画チームが見たい情報は異なることがわかりました。ただし、売上を重要視していないという発言も聞くことができ、どちらかというと社会や他社の流れを情報として知りたいという要望があることがわかりました。

　これらの情報をもとに整理をすると、商品企画チームが必要だと考えている情報を提供するためにはデータが足りていない部分（社会や他社情報）と、少し情報を整理できれば活用できそうな部分（大口顧客向けの情報）の2つになります。つまり、まだまだ未知数な前者と、固めていけそうな後者です。そこで、次の会議では、がっちりと信頼を勝ち取るために、未知数ではあるが必要とされる前者も取り組みつつ、後者はしっかりと整えて「これなら使える」と思ってもらうのをゴールに置いていきます。

💬 **ヒアリング結果の整理**

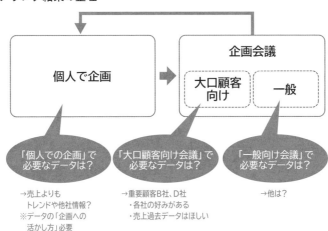

いかがでしょうか。あててみることで、自分の想定していたものとは違う意見も出てきて、自分の考えが100％正しいわけではないことを痛感します。でも、それで良いのです。あてないで、使われないすごいものをつくるよりも、あててみて、必要とされるものをつくる方が重要です。では、このあてた結果を受けて、改善をしていきましょう。

　ここで１つだけ考えておきたいのが、ヒアリング相手をどこまで信じて、どこまでその意見を尊重して対応すれば良いのか、です。今回のケースで言うと、売上をあまり意識していないという意見が出ていますが、マーケティングチームとしては、妥当性判断をデータに基づいてやっていきたいので、売上は当然意識して欲しいわけです。このまま、売上を意識しないグラフを作って提供して良いのか悩みますね。ケースバイケースではありますが、今回は、まず商品企画チームとの関係性を構築することに重きを置いて、商品企画チームの既存業務に有効な情報を提供することにしています。そのため、まずは社会や他社情報を掲載しつつ、合わせて売上も載せるくらいにとどめ、商品企画チームとの関係性構築ができた段階で、少しずつ、既存業務の改革に向かっていきます。
　では、改善に移っていきます。

3▶5 あててみた結果、もう一度つくってみる

💬「つくってみる」

アイデア創出

やりたいことに対する現状の精査

| 強みの再発見 | おおまかな
将来像づくり | ユーザーごとの
「つくるもの群」
の設定 | 「つくってみる」
ユーザーに
「あててみる」
試行錯誤 | 運用への
インストール |

さて、あててみた結果、改善する、つまり再度「つくってみる」です。

方針は2つということがわかりましたね。一般顧客向けに関しては、売上よりもトレンドを知りたい、つまり情報が足りないということが分かったので情報を追加して、再度「あててみる」です。一方で、大口顧客に関しては、売上などをベースに顧客ごとの傾向を深堀分析しつつ見たい情報を整理して仕上げる、の2つをやっていきたいと思います。

まずは、足りない情報を追加する部分から始めます。あててみたときに、サイトAやサイトBを情報として閲覧していることがわかりました。では、その閲覧している情報を取得するためにはどのようにすれば良いでしょうか。Webサイトの情報を見ながら、手でデータ化していく方法もありますが、繰り返し情報として使用していくために、情報を自動で取得することを考えます。自動で取得する代表的な方法は、クローリング/スクレイピングです。クローリングとは、インターネット上のデータ（Webサイト等）をクロール、つまり集めることで、スクレイピングとは、そのデータを解析して使えるデータに変える技術です。Webサイトには、

RSSという仕組みが用意されている場合は、RSSで自動取得する方法でも良いですが、用意されていない場合は取得できません。そのため、クローリング/スクレイピングをする方が取得できる可能性が高いです。ただし、いくつかの注意点があるので、しっかり押さえておきましょう。

● スクレイピングのイメージ

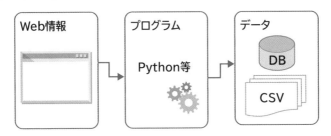

では、スクレイピングの手順を簡単に説明します。手順としては、①スクレイピングしたいサイトがデータを取得して利用しても良いか確認する、②スクレイピングしたいサイトが自動取得可能かを確認する、③取得したい項目、データ構造を考える、④スクレイピングのプログラムを書く、⑤スクレイピングの実行、となります。

①に関しては、まずそもそもWebサイトの利用規約を調べて、データとして使用して良いかを確認することです。使用して良いとなっていたとしても、著作権がない場合がほとんどですので、ルールを守って使用しましょう。もし、心配な場合は、弁護士の方などに確認してもらうのが良いでしょう。ここは、非常に重要な注意点なので覚えておきましょう。続いても重要な注意点ですが、そのサイトが、クローリング/スクレイピングをしても良いのかどうかを確認することです。Webサイトのrobots.txtを確認すれば見ることができます。「サイトのトップページのURL/robots.txt」をブラウザで開けば見られます。例えば、Yahoo! Japanの場合は、「https://www.yahoo.co.jp/robots.txt」となります。特定のページのみ、ダメだったりする場合もあるので、注意しましょう。そのほかにも、Python等のプログラミングでも確認可能ですので、必ず確認をするよう

にしておきましょう。次に、③取得したい項目を考えます。例えば、トップページのニュース一覧のタイトルを取得したいや、タイトルだけでなく、さらに深堀して本文も取りたいのか、によってプログラムのつくり方は違います。エンジニアに伝える場合は、サイトのURLと取りたい項目を指定して依頼すれば大丈夫です。その後、④スクレイピングのプログラムを書く部分になりますが、ここでも重要な注意点があります。Webサイトに迷惑をかけないように、無理なアクセスをしないことです。一度、アクセスしたあとは、数秒あけるような処理を入れて、過度なアクセスを必ず避けるようにしましょう。サイトに過度なアクセスをかけて、Webサイトがダウンすると損害賠償にもなりかねないので、必ず1秒以上あけるようにしましょう。これで、クローリング/スクレイピングは以上です。今回は、サイトA、サイトBに掲載されているファッションのトレンドワードと、その反応の数（いいね数）を取得して、データとして追加しました。

　このデータを使って、可視化しておきましょう。今回のデータは、日々更新されていくデータなので、横軸に時系列（データ取得日）、縦軸にいいね数とし、ワードごとに折れ線グラフを作成しました。これで、社会のトレンドが少し活用できるようになります。

　次回の打ち合わせで、このトレンドから何が見えるのか（何を見ているのか）を中心にヒアリングしていきましょう。また、合わせて、商品の特徴から絞込み検索（フィルタ）をつけた売上グラフを作っておきましょう。トレンドを見た後に、参考値として、キーワード検索して売上を検索したくなる可能性があります。ここは、見て欲しいという思いも含めて、用意しておくのが良いでしょう。

💬 **ディスカッションに向けた時系列データの可視化イメージ**

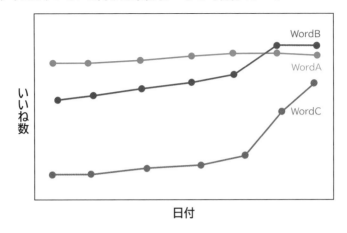

　では、続いて、大口顧客にフォーカスした分析です。これは、顧客ごとの商品種類別売上構成比、売上個数構成比を可視化しておきましょう。その中で、打ち合わせ時にあがった「B社」、「D社」の構成比を確認すると違いが見えるはずです。「B社」は、ワイシャツの売上構成が高く、「D社」は、ジャケットの売上構成が高いなどのように、各社の戦略が数字で表れます。さらに、その商品種類をブレイクして、商品名でも見ていくと、特定の商品が売れたのか、全体的に売れているのかが見えてくるでしょう。商品別の売上分布をみると一目瞭然だと思います。また、時期という要素も重要なので、時系列×売上構成の変化も見ておくと良いでしょう。特定の「顧客名」に絞り込んで、「商品種類」×「売上」or「個数」という構成から、「商品種類」「商品名」×「売上」or「個数」、「時系列」×「商品名」×「売上」or「個数」を見ていくということです。また、多角的な視点で見られるようにしておくために、「商品種類」「商品名」「時系列」でフィルタをかけられるようにしておくと良いでしょう。これで、顧客ごとの特徴が見えるはずなので、商品企画チームがこのデータをもとに考えて（考察）、商品企画を（実行）してくれると考えられます。ただし、油断は禁物です。再度、あててみましょう。

3▶6 改善した結果をあててみて、次のステップを考える

💬「**あててみる**」

　それでは、再度、あててみましょう。新規参加者がいる/いないに関わらず、今回の会議の目的に加えて、前回のプロジェクトの説明をしてから、ヒアリングに入りましょう。会議の参加者は、前回の内容をすべて覚えているわけではありません。知っているだろうと決めつけて進むと、会議が踊ってしまいます。プロジェクトのメンバーになってもらうためにも、プロジェクトの方向性は染み込ませていきましょう。

　今回の会議は、2つの議題がありますね。1つ目は、トレンドを把握するためのデータを取得/可視化したので活用アイデアを考える、2つ目は、顧客分析の情報（分析結果）が有用性についてですね。この2つはフェーズが違うものなので、必ず議題を分けて進めます。1つ目の議題は、まだまだ初期段階であり、期待値を上げすぎるのは危険ですし、ヒアリングに近いフェーズです。逆に2つ目の議題は、有用だから運用したい、と思わせたいものなので、固めていくフェーズです。議題を明確化して、議題が変わるときに頭を切り替えてもらうようにしましょう。休憩や雑談を挟んでも良いと思います。

では、まず1つ目ですが、ここは、前回と同じ意識を持ってヒアリングしていきます。その結果、下記のようなことを聞くことができました。

💬 ヒアリングメモ

ヒアリングメモ

- この情報はいつも手間がかかっていたので、助かる。
- いつもWebサイトしか見ていないから、時系列でさかのぼれるのは良い。
- 普段、見慣れないワードに注目するので、上昇率が高いワードランキングの方が利用するイメージはある。
- ランキングトップの方は、見慣れている単語なので、微妙。

　全体的に好印象で、今まで感覚的に見ていたものが、時系列でしっかりデータとして捉えることができるようになりそうです。ただし、単純なランキングではなく、上昇率を中心にグラフ化したものの方が有効なイメージがあるようです。単純なランキングの上位にくるキーワードは既に知っているものが多く、企画から商品化する頃にはトレンドとして古い場合がでてきてしまいそうです。このように、業務に合わせて、軸や見たいものを変えていくのが重要です。常に、ユーザーが見たい情報はなにかを考え続けていきましょう。

　ここまでくると、上昇率に変えてみるなどの若干の修正は必要ではあるものの、データを追加したことで見たい情報に近づいてきていそうですね。このように、見たい情報が見れていなかった場合、データが足りているのかを考え、時にはデータ収集に立ち戻ることもあるので、覚えておきましょう。

💬 上昇率のイメージ

どっちが見たい情報?

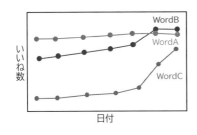 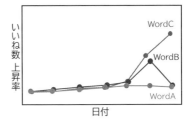

　続いて2つ目ですが、こちらは、顧客にフォーカスして、顧客別に構成比の可視化結果を共有していきます。この際に、「おつかれさまです。貴重なご意見ありがとうございます。次の話題はまた別のテーマですので、一呼吸置いていただければと思います」のように、意識的に一呼吸おけるように進めると、頭が切り替わり、みんなの方向性が揃います。前回の話で、顧客別に商品の傾向に違いが出るとのことでしたので、構成比の違いを中心に、説明していきます。今回は、ヒアリングというよりも、分析内容のシェアなので、前回とはやっていることが違います。そのため、場合によってはパワーポイント等でレポートなどにして、説明しても良いと思います。今回作成したグラフなどの情報は、大口顧客専用の企画立案時に使えるのか、が議論の中心になります。Tableau等のBIツールでフィルタ含めてグラフを作成している場合は、ユーザーに実際に操作してみてもらうのも良いでしょう。

　では、今回の議論の結果、「この分析は面白いよね」ということになり、遂に我々のやっていることが認められました。さて、ここからはどうしていけば良いでしょうか。選択肢はいくつか存在しますので、少し整理していきましょう。

商品企画チームプロジェクトの選択肢①

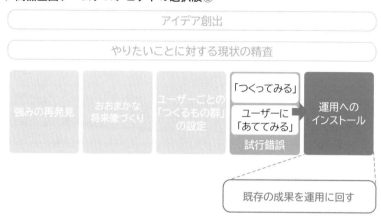

　　まず、1つ目は、この成果を運用に回していくということです。今回の場合、ユーザーは商品企画チームなので、今回の成果で得た情報を商品企画チームに提供していくことになります。これは、地図の中の運用へのインストールです。今回の場合、どういった形式で、運用していくのかがちゃんと検証できているかの視点が重要です。アウトプットする形式はツールによると思いますが、①BIツール（Tableau等）、②Excelグラフ、③Excelデータ、④パワーポイントのレポートあたりになるでしょう。「これなら運用できる」というのが、商品企画チームとの打ち合わせで決まっていれば、「つくってみる」から脱却し、「運用へのインストール」に移ることができます。必要であれば、運用チームを立ち上げ、しっかり社内での浸透を図っていくことが重要となります。運用に向けた説明として、押さえておくのは、運用開始日、基本的な操作方法、更新頻度、ヘルプ先です。更新頻度は、データ取得や加工の頻度にも関わってくるので、無理のない範囲で設定するのが良いでしょう。また、時々、ユーザーヒアリングをして、課題等は定期的に収集しておくと良いでしょう。あくまで、こういった施策によって売上が増加しなくては意味がありません。そういった結果を出すためにも、継続的にデータを確認し、改善していくのが重要です。また、ユーザーである、商品企画チームのメンバー、つまり使って

いくメンバーに、導入説明のマニュアルの簡単な部分をつくってもらうのも効果的です。商品企画チームのことは、商品企画チームのメンバーが最も理解しているはずです。運用が上手くいけば、今回提供した知見が活用されて企画が立てられるので、企画会議もデータに基づいた議論に少しずつ移行していくことでしょう。

● **商品企画チームプロジェクトの選択肢②**

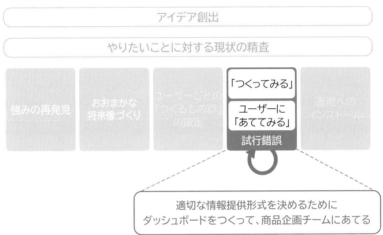

では、「地図」の中で、適切な提供形式が決まっていない場合は、何に着手するのが良いでしょうか。それは、再度、「つくってみる」「あててみる」です。今回、商品企画チームが見たい情報がある程度わかってきました。しかし、それを効果的に情報活用できないと意味がありません。例えば、先ほどの4つの例でいうと、Excelデータを提供するだけだと、数字の羅列でしかないため、場合によっては使ってもらえないかもしれません。また、パワーポイントの情報だけだと、商品企画チームの人が、自分のアクセスしたい情報にリーチできないかもしれません。こういったデータ分析プロジェクトの場合、適切な情報提供のためにダッシュボードを作成するのが一般的です。ダッシュボードの作成でも、可視化と同じようにTableau等のBIツールが使いやすいです。その場合、ダッシュボードデザインを行い、これまでやってきたように、ダッシュボードを「つくってみ

る」、商品企画チームに「あててみる」を繰り返します。使い勝手を検証するためには、「あててみる」の中で、試用をしてみるのも重要です。Tableauであれば、フィルタ等をユーザーが使用できます。Tableauファイルを社内で展開すれば、Tableau Reader（Tableauで作成したものをデスクトップ上で確認できる無料ツール）を使用して見ることができます。可視化システムを作るという選択肢もありますが、現場にあてる前にシステム化することは、本当に使えるものになっているか判断ができていないのでリスクが非常に高いですし、コスト面を考えてもプロジェクトの初期段階ではあまりおすすめしません。さらに事例を増やし、こういった活動が有効だと決定づけられてからシステム化しても遅くはありません。

これまでやってきたことを使ってもらうという選択肢では、このまま運用に回すか、ダッシュボードをつくってあててみるの2つになります。しかし、商品企画チームにこだわらなければ、まだまだ選択肢は存在します。

● さらなる選択肢

　例えば、よくある例としては、「さらに高度な分析をやっていく」があ
ります。これは、「つくってみる」「あててみる」になります。今回は、扱い
ませんでしたが、今回のようなデータ分析プロジェクトにおいては、機械
学習（AI）の活用も多々あります。特に、分析や可視化とセットの場合、
顧客をグルーピングするために教師なし学習の「クラスタリング」をして
みるや、優良顧客を抽出するために教師あり学習の「分類」でモデルを作
成してみようなど、が考えられます。しかし、これらはどちらも目的が
あってこその技術です。AIはなんでもやってくれるイメージがついてい
ますが、AIはあくまでも「データを作るもの」というイメージを持ってお
くのが個人的には良いと考えています。顧客のグルーピングであれば、
データに基づいて顧客に対してグループ番号を振ってくれる、つまりグ
ループ番号というデータを作ってくれるわけです。後者であれば、優良顧
客かどうかを判定したり、優良顧客スコアを出す、というデータ作成の一
種です。ここまで、読んでいただいた皆さんはお分かりかと思いますが、
そのデータを作成する意味や、そのデータをどうやって活用するのか、が
ないと、ただの数字となってしまいますので、AIを使う、が目的にならな
いように注意しましょう。ただし、ビッグデータなどのようにデータ量が
多い場合には、人間の力では限界があるので、技術の選択肢の1つとして
機械学習（AI）を使うことで、可能性は広がっていくでしょう。

　他にも考えられる例としては、「他の部署のデータ分析をする」などで
す。これは、まさに、ここまでやってきたことを、他の部署をユーザーと
して考え直し、「つくってみる」「あててみる」を行うことです。成功事例
が出来ると、他の部署からの引き合いがでてくるケースもあります。ま
た、自分自身も、今回のケースが自信となり、他の部署でもやってみたく
なります。

　このように、いろんな選択肢が存在します。どれも正解はないのです
が、やはり、効果が出てこそのプロジェクトなので、運用に向かっていく
部分はやっていくと良いでしょう。しかし、運用に向かっていくと同時
に、我々は何をすべきか、を考え始めるタイミングになってきます。選択
肢が広がったことで、悩むことが増えていきます。

3▶7 自分たちの役割を定義して、動き出す

では、ここから何に力を入れていきましょうか。

前述したように、違うものを「つくってみる」のも悪くはないですが、その前に少しだけ、マーケティングチームの役割を考えてみましょう。

💬「将来像づくり」

そもそも、商品企画チームが、感覚に頼った企画を行っており、マーケティングチームとして、データに基づいた妥当性判断を取り入れたいと考えていました。そして、実際にデータ分析を行うなかで、商品企画チームとコミュニケーションを取り始め、会社としてデータを中心にいろんな議論ができるのではないかと考え始めています。そこで、いろんな部署と橋渡しをするマーケティングチームだからこそ、データを軸に部署を繋ぐことができるのではないかと考えつつあります。少なくとも、商品企画チームと自分は、データをもとにいろんな議論を重ねて、繋がることができたと感じています。そこで、「つくる」にしても、部署のお伺いを立てて作業としてやるのではなく、あくまでもデータを使って部署間の壁を取り払い、一体となって会社の業績を良くすることを自分たちの将来像として定義してみます。これまでは、それぞれの部署が別々に動いてお

り、マーケティングチーム自体は、妥当性判断と言いながらも、商品企画チームからの流れを断ち切らないためのチームでしたが、これからは、データを軸にしつつ、部署の壁を取り払い、会社として良い商品が生み出せるようにするのを目標にしていきます。2章で話した部分と照らし合わせると、「大きな将来像」はわからないけど、「プロジェクトでやりたいこと」から「各役割の業務構造における将来像」に近い部分までがイメージできるのではないでしょうか。完璧に大きな将来像が描けなくても大丈夫です。悩んで立ち止まり続けるのではなく、やっていくことで、また立ち返れば良いのです。

💬**将来像の整理の着眼点**

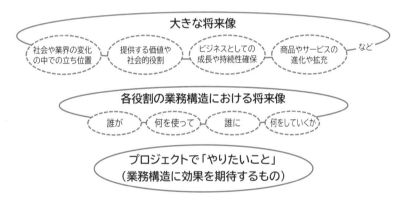

では、その目標に向けて、商品企画チームとは違う部署（流通管理チーム）を味方に付けに行きます。そのために、「つくってみる」「あててみる」です。今度は、ユーザーが異なるので、当然、目的も異なり、つくるものも異なります。ただし、データを軸に置き、商品企画チームで行った方法と同じように、ユーザーにあてながら分析/可視化を行っていくのが良いでしょう。ここでは、具体的な部分は述べませんが、商品企画チームの事例をこなしたあなたであれば、同じように進めて、信頼関係を築くことができるでしょう。

一点、注意が必要なのは、目的もつくるものも異なりますが、データを軸に置いておく必要があるので、データの繋がりだけは意識しておくと良いです。例えば、流通管理チームが、在庫管理に取り組みたいとすると、商品IDをもとに紐づく形式でデータを加工しておくことです。そうすることで、商品企画チーム向けに作成したデータとも結合することができ、商品企画チームの視点と、流通管理チームの視点を合わせることが可能です。それこそが、データを軸に、部署間をつなぐことになっていきます。

💬「つくってみる」と「あててみる」

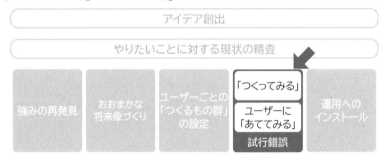

　流通管理チームとの信頼関係が構築されてくると、会社内でのプレゼンスも高まってきます。そんな中、商品企画チームも流通管理チームも巻き込んだ、商品企画を主導することにしました。つまり、考える視点があがって、「量販店の期待にこたえよう」から、「消費者のニーズをつかみ、量販店へ提案しよう」になっていきます。企画するということに関しては、トレンドを見る、などの情報は提供していますが、その枠を出ておらず、データ分析の限界も感じています。これは、実際によくある悩みです。過去のデータを参考にしたデータ分析では、企画はでてこないと私たちは考えています。定性的なデータを頭の中に入れながら、人間が議論をして、その結果をあててみることが、企画を生み出す上では最も重要です。社内には、洋服好きなメンバーもいると思うので、社内アンケートを実施してみるのも良いでしょう。何かを企画するのは、今回の地図に適用

できます。洋服の企画を作るにしても、洋服の企画案を考えて、あててみるのが重要です。これは、つまり、あててみるの再設計です。そのための一歩として、商品企画チーム、流通管理チーム、マーケティングチームのメンバーで、アイデアを出し合って商品を企画して見ることにしました。さらに、その企画内容を社内アンケートで定性的に評価します。これによって、アイデアにある程度の多様性が生まれますし、成果は出てくる可能性は高くなります。

　しかし、ここまで地図を使ってきた皆さんなら違和感に気づくのではないでしょうか。それは、洋服の顧客は誰か、です。あくまでも、ユーザー、今回で言えば、洋服を買ってくれる消費者にあてることが重要です。残念ながら、自社店舗を持たないので、洋服の購入者にあてることができません。いわば実験場がない状態です。そこで、会社の垣根を越えて、店舗を持つ会社と提携し、データ取得や試行錯誤の提案を行います。まず、考えられるのは、共同での企画事業という名目で、店舗での購買情報を連携してもらい分析をしていくことです。ただし、相手にとってもメリットがないと、提携は上手くいかないケースが多く、特に、購買データはなかなか出してくれません。その場合、例えば、売り場に、カメラ等を設置し、どの棚にどのくらい人が滞在したかをAIの画像認識技術を使ってデータ化し、分析するなどの企画を考えて、双方にとって欲しい情報を共同で保持することを考えるのも良いと思います。また、そういったことが実現できる、となれば、技術を提供して、データをもらうこともできます。こういったプロジェクトも、「データを軸につなぐ」という将来像の中では、新たな「つくる」という段階に該当するので、店舗に「あててみる」ことで、信頼関係を築いていくと、ビジネスの構造を大きく変えることができるかもしれません。また、会社間の提携の場合は、「強みの再発見」もしておくと、自社が相手の会社に提供できる価値を自社として再認識でき、相手への説得力がさらに増すことでしょう。

3▶8 「つくる」プロジェクトでの失敗

　さて、最後に、失敗するポイントを説明します。「つくってみる」から始まるプロジェクトで失敗するケースは、あてずにつくり続ける、や、同じものをあて続けてしまうことです。また、運用面をあまり考えずに進んでしまうこともあります。これまでのことを振り返りながら順を追ってみていきましょう。

　今回のケースで言えば、最初に自分たちが考えたものが正しいと信じ切って、商品企画チームの意見も聞かずに、「こういうグラフが絶対に良いはずだ」と思い込み、「作ったので使ってください」、と押し付けてしまう失敗パターンが最初に考えられます。これは、あてずに正解を定義し、作ってしまう、または作り続けてしまうのが問題です。今回のように、自分だけの工数で済めばまだ軽微で済みますが、あてずに大規模な可視化システムを作ってしまうのは、最悪のパターンで、お金をかけたのに使われないシステムになっていきます。最初は、正解がないと考え、あまり時間やお金をかけずにあてに行きましょう。

　次に、「つくってみる」「あててみる」を繰り返し、1つのスモールヒットが生み出せた後に、落とし穴が待っています。ここには3つの落とし穴が待っています。1つ目は、あててみるの再設計をせずに、次にあてにいくです。はじめに作ったものが正しいものと信じて、そのまま流通管理チームにあてにいってみれば、必ず「こんなもの使えない」、という反応が返ってきてしまうでしょう。それは、これまでやってきた「つくってみる」は、あくまでも商品企画チームをターゲットとしたものだからです。商品企画チームから流通管理チームにユーザーが変われば、欲しい情報は異なってきます。最初につくったもののまま、ユーザーを変えていくと、失敗ばかりが積み上がり、プロジェクトが頓挫してしまう可能性もでてきます。

2つ目は、戦略を考えずに、「つくってみる」「あててみる」を繰り返し続けることです。1つ目の落とし穴を回避できたとすると、多くのユーザーでの成功事例を増やしていけるでしょう。しかし、そのまま進むと、言われたことをやってくれる便利屋さんで終わってしまうことが多いです。目先の改善は非常に重要ですが、変革を生み出すためには、言われたこと、つまり「あててみた」結果を、自分たちなりに再定義し、一段高い視座で考える必要があります。可視化や分析結果を、様々な部署のニーズに合わせてつくっていくと、非常に重宝される一方で、あれもやって欲しい、これもやって欲しいになっていきます。その際に、自分たちの役割が見えていないと、目の前のことに追われてしまいます。今回のケースで言うと、データの基盤整備等の仕組み化も合わせて考えていく必要が出てくるでしょう。

3つ目は、運用へのインストールが雑になってしまうケースです。今回のケースでは、「つくってみる」「あててみる」を繰り返し続けたことで、商品企画チームに必要なものができました。しかし、必要とされるものができても、ユーザーが使えるようになるわけではありません。これが、日常化の難しいところです。今までの業務になかった、いわば異物が入ってくることになるので、運用へのインストールは丁寧に行う必要があります。自分や自分たちのチームがつくったものだと、「良いものだからみんな勝手に使ってくれるようになる」と思いがちですが、そんなことはありません。マニュアルの整備や説明会の実施などのサポートを実施できる体制を整えていくことが非常に重要となります。このあたりのフェーズから、スモールヒットが社内に伝わり、慌ただしくなっていくこともあるので、余計に運用が雑になることが多いので注意しましょう。

いろんな部分で、落とし穴は潜んでいます。ただし、どれも、深呼吸して、「地図」を眺めることで、必ず回避できる落とし穴です。節目節目に自分の現在地を考えるのはもちろんのこと、上記のような失敗パターンを意識しておくと良いでしょう。

● プロジェクトの失敗例

「つくる」プロジェクトの失敗例：

```
┌─────────────┐  ┌─────────────┐
│ 自分たちが考えた │  │ 「つくってみる」 │
│ ものが正しいと思 │  │ 「あててみる」の落 │
│ い込んでしまう  │  │ とし穴に、はまる  │
└─────────────┘  └──────┬──────┘
                        │
        ┌───────────────┼───────────────┐
   ┌╌╌╌╌┴╌╌╌╌┐  ┌╌╌╌╌╌┴╌╌╌╌╌┐  ┌╌╌╌╌╌┴╌╌╌╌╌┐
   ┊あてる先がかわっ┊  ┊戦略を考えず言わ┊  ┊運用へのインストール┊
   ┊たのにあててみる┊  ┊れたことだけやる┊  ┊が雑になってしまい┊
   ┊の再設計が不足 ┊  ┊便利屋さんになる┊  ┊結局日常化できない┊
   └╌╌╌╌╌╌╌╌╌┘  └╌╌╌╌╌╌╌╌╌╌┘  └╌╌╌╌╌╌╌╌╌╌┘
```

　これで、3章は終了です。地図の使い方は少しイメージできましたか。また、分析プロジェクトの進め方も、少しでもイメージできるようになってもらえていると嬉しいです。3章では、「つくる」「あててみる」を繰り返すプロジェクトでも、少しだけ「将来像」などを意識することで、プロジェクトのスコープは上がっていき、会社の垣根を越えて、業界自体を変革する動きを生み出せる可能性を秘めている、ということをお伝えしたつもりです。戦略を考えることだけに夢中になるのではなく、一歩踏み出して、まず動く姿勢を持っていただきたいために、ケーススタディの最初に持ってきました。「つくる」ことは、シーズ思考で悪いことだと思われがちですが、つくり続けないで、「あててみる」や地図にある他の視点を適宜挟んでいくことで成功するパターンになるのです。

第4章

ケーススタディ②
複数の取り組みたいテーマを
チームで進めていくプロジェクト

3章では、日々の業務の目線から「つくってみる」を行った後、「あててみる」、さらに「試行錯誤」を繰り返して、大きな成果に変えていく流れを体験しました。一言でいうと、現場からのデジタル活用です。

　続いて4章では、チームで進めていくプロジェクトもしくは、特に取り組みたいことがたくさんある場合のデジタル活用について扱っていきます。

　そのケースは、例えば、「DXチームを作ったのでよろしく頼む」や、「このチームでは、デジタル活用を積極的にやっていくんだ」のように、部署やチームとしての視点から始まるケースが想定されます。こういったケースでは、チームメンバーと一緒になって、同じ方向を向いて進めていくことが重要になります。地図を共通言語としながら、いくつかサブチームを立ち上げたとしても、常にみんなの方向性を揃えるようにしていくことで、知が集結した素晴らしい取り組みになる可能性を秘めています。

　一方で、チームのメンバー全員が、違う方向を向いていると、混乱が生じてしまい、失敗してしまいます。また、同時に並行して進んでいるいくつかのサブチームが独立で動き続けてしまい、小さなヒットしか生まれない可能性もあるので、注意しましょう。チームの課題とは違いますが、トップダウンでお題が振ってきた場合、「なにから始めれば良いんだろうか」と悩み続けてしまうケースも多いので気を付けましょう。正解はないので、動いてみることをおすすめします。

　本章では、AIプロジェクトを題材に、AIの設計のポイントなども説明していきます。AIの説明が多いのと、サブチーム化して複数のテーマが進むため、長丁場になりますが、休憩しながら、読み進めていきましょう。

💬 **4章の地図**

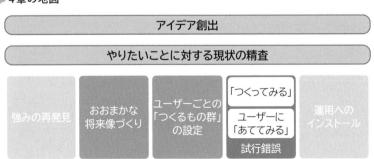

▶ あなたが置かれている状況

　あなたは、大手スーパーマーケットチェーンの本社部門での「DX推進本部」立ち上げを任されました。激化するスーパーマーケットチェーンの争いから一歩抜きん出るために、デジタル技術を活用し、デジタルカンパニーへの変革を求められています。会社の体制としては、各店舗、本社の在庫管理部門、仕入れ管理部門、システム部門などがあります。チームメンバーとしては、店舗経験の長いメンバーが2名、本社の仕入れ管理部門から1名、システム部門から2名に、店長や在庫管理部門のリーダー経験もある自分を加えた6名です。

　デジタル技術の活用による効率化だけでなく、売上増加、さらにはDX部門として新規にサービスを立ち上げ、業界を超えて発展していくことが求められています。

💬 **ビジネスおよび社内の構造**

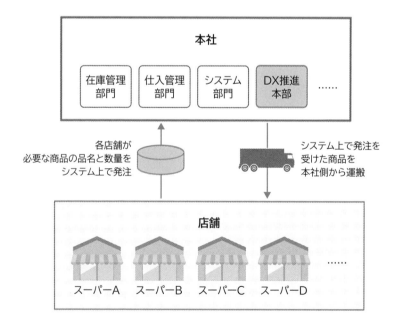

4▶1 アイデア創出とやりたいことに対する精査を行い「つくるもの」を設定する

　デジタル活用を推進していく、さらには、デジタルカンパニーへの変革をしていく、という大きくかつ非常に抽象的な目標を設定されたあなたは、何から始めていくか呆然としているのではないでしょうか。戦略やビジョンをすぐに描ける方は、描いてみても良いでしょう。ただ、デジタルカンパニーへの変革に正解はなく、あなた1人の考えが正解であるかは誰にもわかりません。また、抽象的な目標のまま戦略やビジョンを描くと、どこかで見たことがあるな、という絵に落ちてしまうことが多いです。そこで今回はまず、頭でっかちにならないように、「アイデア創出」をやっていきましょう。

　アイデア創出といってもやり方は様々です。代表的なものとしては、人を集めてブレインストーミングをやってみることでしょう。1人でやっても良いですが、出来れば複数の人を集めた方が様々な意見が出てくる可能性が高くなるでしょう。批判禁止などのルールが設定されることが多いですが、アイデアの「なぜか」を常に考えるように、むしろ批判を起点に考えるようなディスカッションが有効な場合もあります。適宜、会議の目的に合わせて考えていきましょう。ただし、2章でも述べましたが、「ユーザー」、「価値/用途」、「使う技術」の3つの視点を意識してください。例えば、「需要予測とかAIでできたら良いのに」という意見がでた場合、「需要予測AI」という技術を使うということはわかりますが、具体的に、どのような「価値/用途」が、どの「ユーザー」に与えることができるかが弱いです。「良いのに」という語尾からもわかるように、この発言者は、ユーザーと価値を創造して話していると思うので、「それって、誰が使うイメージ？」や「どういう業務で活用できそう？」のように質問すると、さらにアイデアが出てくる可能性があります。

　また、私たちが1つおすすめしたいのは、テクノロジーを起点としたア

イデア創出です。例えば、3章のケーススタディで実践した、商品企画チームに対してあててみる、にもアイデア創出の一面があり、データ分析の結果やグラフを一緒に眺めながら、その場で可視化していくとアイデアが出てくることが多いです。目の前で、技術に触れると、いろいろとやってみたいことが湧いてくることが多いので、AI技術のデモなど、技術に触れることを起点にアイデア創出をする機会を作ってみてください。アイデア創出のために「つくってみる」のもおすすめです。

　今回は、ITなどの知見を持っているメンバーもいるので、アイデア創出のための「つくってみる」は割愛して、心強いチームメンバーを頼ることにしましょう。まず、あなたは、チームのメンバーを集めて、ディスカッションを行うことにしました。

💬**「アイデア創出」**

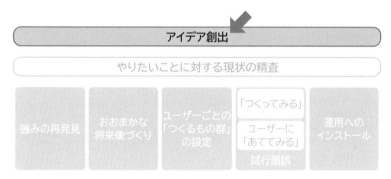

　今回のディスカッションのテーマは、「今後、DX推進本部として、デジタル技術を活用して何に取り組みたいか。」です。アイデアを出し合うために、5名のメンバーを集めて、ディスカッションを行いました。自分たちの想いも入れながら、下記のようなアイデアや意見が出てきています。

● ディスカッションメモ

```
                    ディスカッションメモ

・ 店舗から上がってくる情報を集計するのに時間がかかり、分析等に時間がかけられない。
  集計の自動化があったら良いな。

・ 自分たちは、地域密着型店舗に強みがある気がする。

・ 優良な仕入れ先が多いので、良い品質の商品を提供できている。
  ただ、その分、余りが出ると、損失も多くなることが多い。

・ そもそも、店舗ごとの特徴が把握できていないから、分析に取り組むのはどうか

・ もっと、データに基づいて、店舗の売上増加につなげていきたい

・ データはいっぱいあるんだからAIで何かできないのかな

・ 例えば、仕入れの参考になるように需要予測などで店舗をサポートできるようなことができ
  ないだろうか。

・ 需要予測に加えて、IoTで在庫を常に見える化しておくと、店舗の発注者が楽になりそうだ
  よね

・ これからは、Webでの販売もやっていき、実店舗との連携もやったらどうか

・ AIの画像認識を使って、顧客情報を取ったらどうか

・ さらに言うと、顧客の動き(導線)を可視化したらいろいろわかることがあるんじゃないか

・ どういう棚の配置にした方が良いとかわかると良いね

・ せっかく、現場やノウハウを持っているんだから、これらの知見を活かした独自のデジタル活
  用ができたら、他の会社に対しても、デジタル領域でのビジネスができるのではないか
```

　現場の意見や課題点を中心に、みんなの意見をヒアリングできて嬉しくなった半面、あなたは、「なにから取り組んだら良いのだろうか」と悩んでしまいます。やりたいことはたくさんあるけれど、今、何をやるべきなのかが整理できません。現場を重視して目の前の業務を改善してあげたいと思う一方で、それでは新しい価値が生み出せないと思い、デジタルカンパニーへの変革は遠のいてしまうと感じています。では、地図を使って整理していきましょう。

　まずは、地図を眺めて、自分が次にどこへ向かうかを考えてみます。「強みの再発見」、「将来像の整理」のような戦略的な部分は考えたいと思いつ

つも、まだそこまで大上段に考えている訳ではなく、現場の意見も重視したいと思っていますので、はじめに取り掛かるのはその2つではないと考えました。では、「つくるもの群の設定」なのかというと、そこまでつくるものや取り組みが具体的ではありません。そもそも、対象となるユーザーが誰なのか整理できていません。では、一体どこを考えるべきなのでしょうか。それは、「やりたいことに対する現状の精査」です。

●「やりたいことに対する現状の精査」

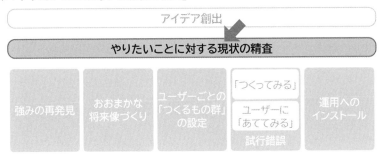

　あなたは、地図を参考に、みんなから出た意見が、地図のどの部分に対するアイデア/意見なのかを整理してみました。

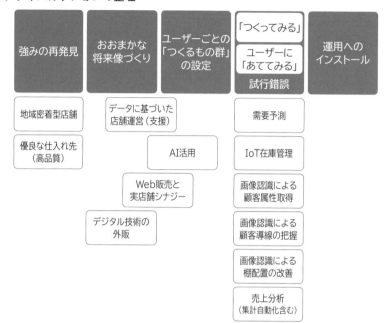

💬ディスカッションの整理

| 強みの再発見 | おおまかな将来像づくり | ユーザーごとの「つくるもの群」の設定 | 「つくってみる」／ユーザーに「あててみる」試行錯誤 | 運用へのインストール |

- 地域密着型店舗
- 優良な仕入れ先（高品質）
- データに基づいた店舗運営（支援）
- AI活用
- Web販売と実店舗シナジー
- デジタル技術の外販
- 需要予測
- IoT在庫管理
- 画像認識による顧客属性取得
- 画像認識による顧客導線の把握
- 画像認識による棚配置の改善
- 売上分析（集計自動化含む）

　このように、「地図」のどの領域に対する話なのか、という視点で整理していくと、どこを考えるべきなのか、が見えてくるのではないでしょうか。結果として、「つくってみる」のアイデアが多く出てきていることがわかりますね。現場を知っているチームメンバーとのディスカッションをベースに作成すると、「つくるもの群」や「つくる」の部分に集中することが多いです。それは、決して悪いことではありません。むしろ、こういったプロジェクトの成功に必要な、現場の声をしっかり聴くということができたことになります。では、このように、つくりたいものが多く出た際には、いったんつくってみたいものを束ねるという意味で、つくるもの群を整理してみましょう。2章でお話したように、「やりたいことに対する現状の精査」では、現状足りないものを挙げてみるというのもありましたが、ここでは、まずはアイデアを形にしていくことを目指していきましょう。その際に、前もって、いったんの目指す先を設定、つまり「将来像の整理」をしておくことで、つくりたいものをつくり続けていくことに

ならないようにします。

　具体的には、なぜそのアイデア/意見が出たのかを考えて、なんのために、誰のために作るべきなのか、なぜ我々が取り組むできなのか、を考えることです。では、「ユーザーごとの『つくるもの群』の設定」と「おおまかな『将来像づくり』」をやっていきましょう。

　では、先ほどのディスカッションを整理しつつ、「つくってみる」のアイデアを起点に、少しユーザー像を考えてみましょう。

💬**「つくるもの群の設定」**

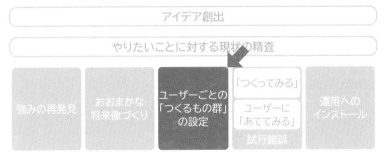

　さらに、このあたりからは、チームメンバーとの定例会議を意識すると良いです。正解がないプロジェクトは、いつも不安と隣り合わせです。2章でも述べましたが、「今、どこを目指しているのか」「今何をやっている段階か」などの視点を、全員が見失いがちになります。そのため、定例会議で「地図」を使いながら、プロジェクトの現在地を確認し合い、「次にどう進むべきか」を、共通認識として持っておくことが大事になります。

　少し前置きが長くなりましたが、「つくってみる」で出たアイデアに対して、ユーザー像の整理をしていきましょう。アイデアとしては、①需要予測、②IoT在庫管理、③画像認識による顧客属性取得、④画像認識による顧客導線の把握、⑤画像認識による棚配置の改善、⑥売上分析などがあがりました。①②の需要予測や在庫管理などのユーザーは、店舗の発注担

当者ですね。③④⑤の画像認識による顧客属性情報の取得や導線把握、棚配置の改善などは、主に売り場の管理者がユーザーとして考えられます。⑥の売上分析は難しいところですが、店長や売り場管理者もユーザーとしては考えられます。つまり、ここでは、店舗の発注担当者、売り場管理者、店長がユーザーと想定できます。結果、出てきたアイデアは全て、店舗をユーザーとするものでした。もちろん本社機能に対するDXもありえますが、今回は店舗側をユーザーとしましょう。また、店長などの管理者は、需要予測などにも絡んでくる可能性があります。見たい情報が明らかに異なる場合は、1つのつくるものに対して、ユーザーを別で定義して整理しておくと良いです。では、少しだけ、店舗の発注担当者の発注業務と、売り場管理者の棚や商品配置業務に注目して、業務構造を整理してみましょう。

💬 **業務構造の整理**

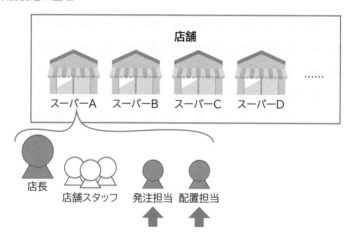

発注業務

データ収集	データ集計	予測&発注数検討	発注
売上、在庫、物価データ等を集める	各データをカテゴリー別に集計する	集計データを多角的に考えて、発注数を決める	システムに登録して、発注を行う

棚/商品配置業務

データ収集	データ集計	棚/商品の配置検討	発注
売上、在庫データ等を集める	各データをカテゴリー別に集計する	集計データと自分の知見を考慮して、棚/商品配置を決める	決めた配置に基いて、商品を陳列する

　今回のケースでは、どちらも同じような流れになりました。主には、データを集めて、集計して、発注数や商品配置を検討して、実行に移すという流れです。ユーザーも担当者しか登場しないので、現状ではシンプルなものになります。ここまでシンプルな場合、業務フローという呼び名の方が、しっくりくるかと思いますが、私たちは、業務構造と呼んでいます。それは、ただの業務の流れだけではなく、ユーザーや業務の「構造」自体を変化させたりするのが目的になるケースもあるので、「業務構造」と呼称した方がわかりやすいと思っているからです。では、ここに、つくるものを追加して、業務構造とつくるもの群の関係を書いてみましょう。

業務構造とつくるもの群の関係

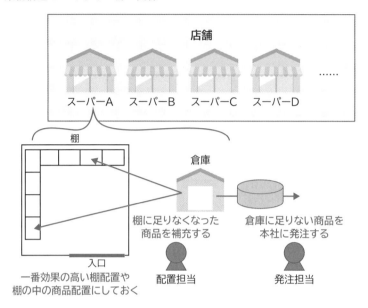

店舗

スーパーA　スーパーB　スーパーC　スーパーD　……

棚

倉庫

一番効果の高い棚配置や
棚の中の商品配置にしておく

入口

棚に足りなくなった
商品を補充する

配置担当

倉庫に足りない商品を
本社に発注する

発注担当

発注業務

データ収集	データ集計	予測&発注数検討	発注
売上、在庫、物価データ等を集める	各データをカテゴリー別に集計する	集計データを多角的に考えて、発注数を決める	システムに登録して、発注を行う

需要予測
発注数検討の指針として使用。また、副次的な効果として、AIモデルで利用が想定される売上データなどの集計自動化も可能

IoT在庫管理
在庫取集の自動化に期待

棚/商品配置業務

データ収集	データ集計	棚/商品の配置検討	発注
売上、在庫データ等を集める	各データをカテゴリー別に集計する	集計データと自分の知見を考慮して、棚/商品配置を決める	決めた配置に基いて、商品を陳列する

顧客属性取得/顧客導線の把握/棚配置の改善
配置検討時のデータ種類が増えることで、データに基づいて商品配置を検討できる

売上分析（集計自動化含む）
配置検討時のデータ種類が増えることで、データに基づいて商品配置を検討できる

　需要予測は、発注担当者が、発注数を検討する際の指針として、使用できると考えています。副次的な効果としては、AIモデルを作る際には、プログラムを用いてデータを集計する必要があるため、集計自動化も達成できる可能性があります。発注担当者が、多角的に考えるのには限界もあるので、AIモデルを作ることで、発注数の検討が効率的になると期待できます。また、IoT在庫管理は、在庫データの収集という前半部分の作業を自動化できる可能性があります。

このように、発注業務に関しては、自社の発注時の需要予測ノウハウを
AIに入れて、発注業務の効率化や店舗間の品質を一定に保つための守り
の方向です。一方、棚/商品配置業務においては、画像認識による顧客属
性取得や顧客導線の把握、棚配置の検討は、全て棚配置を考える際のデー
タとして活用することができそうです。また、売上分析も、同じような用
途が期待できます。つまり、棚/商品配置業務は、棚や商品配置のノウハ
ウを見るために、AIによるデータ化を行い、棚や商品配置などの実店舗
ならではのノウハウを強固なものにしていく、攻めの方向です。

では、ここまでで見えてきたことを踏まえ、簡単に自分たちの将来像を
考えてみましょう。

💬 将来像づくり

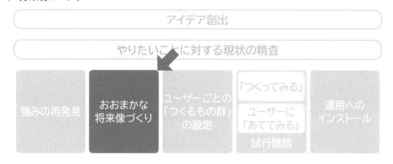

「業務構造」と「つくるもの群」について考えた結果、発注業務を変える
にしても、棚や商品配置業務を変えるにしても、ノウハウを、分析結果と
して言語化したり、AIモデルとして構築することで、現場の改善はもち
ろんのこと、外部で同じように困っている人を支援できるのではないか、
と考えられます。実際に、ディスカッションの中でも上がっていたよう
な、データに基づいた店舗運営（支援）からデジタル技術の外販までがで
きるようになるのではないか、と考えられるようになります。まだまだ、
深堀は必要であるものの、1つ1つのアイデアを点ではなく、線や面とし
て捉えることで、少しずつ方向性が見えてきます。

💬 将来像の整理

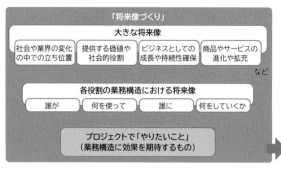

では、この後どのようにこれらのテーマに取り組んでいくべきでしょうか。2章でも話をしたように、1つの「試行錯誤」にすべての予算を投入するのは非常に危険です。今回は「試行錯誤」に割ける人数を加味し、チームメンバー5名を、サブチームに分けて、3つのテーマに取り組むようにします。では次に、この3つのテーマを選定するのですが、効果の出やすさも考慮してポートフォリオを組むのが良いです。3章のケーススタディからもわかるように、データ分析（可視化）は、上手くやれば現場とのコミュニケーションを構築しやすく、効果が出やすいです。一方で、画像認識系のテーマは、人の導線などのAIで作ったデータが、本当に有意義かどうかはっきりしないので、失敗するリスクも高いです。

そこで、先ほどの「つくるもの群」として挙げたテーマから、多面的にかつ、効果の出やすさを考え、「需要予測AI」「画像認識による導線把握AI」「売上データ分析」に取り組んでいくことにします。この選択には正解はありませんが、ここでは、できるだけ性質を分散させることを意識しながらも、まず進めることを重視しています。「他にもできることがあるのではないか」や「もっと網羅的に考えるべきではないか」という気持ちも出てくるかもしれませんが、検討ばかりに時間を使ってしまってはプロジェクトが前に進みませんので、チームの余力も加味しつつ、アイデア創出で生まれたものの中からある程度恣意的に選びます。さて、ここからは、サブチーム化して、「需要予測AI」「画像認識による導線把握AI」「売上データ分析」に取り組むメンバーをそれぞれ分けて進めていきます。ま

た、「売上データ分析」は、3章とほぼ同じ流れなので、ここでは、「需要予測AI」「画像認識による導線把握AI」の2つについて説明していきます。

💬 **サブチームと取り組みテーマ**

4▶2 需要予測AIを「つくってみる」ために設計してみる

では、サブチームAで、需要予測AIをつくっていきます。ここでは、AIを「つくってみる」の流れを体験していきます。

● **サブチームAの「つくってみる」「あててみる」**

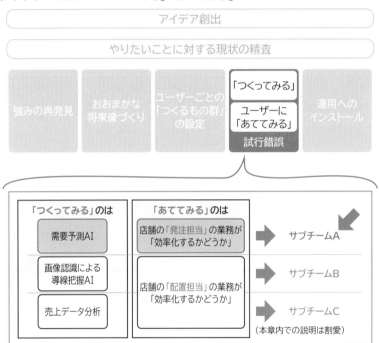

AIを作る流れは、AI設計、事前準備、AI構築、検証、運用となります。今回の場合、AI設計、事前準備、AI構築までは「つくってみる」で、検証が「あててみる」です。検証の「あててみる」は、この精度でユーザーにとって有意義なものになっているのか、を見ていくことになります。精度

が不十分であれば、再度、「つくってみる」になりますが、運用できると考えたら、場合によっては実装を行い、運用していく流れになります。

　また、上記の流れでは、明示的に書きませんでしたが、AIはモデル構築、いわゆる「学習」とは別に、「予測に向けた実装」が必要なのは理解しておきましょう。例えば、検証を行うためには、学習フェーズで作ったAIモデルを使って予測を行える簡易的な機能の実装が必要です。さらに、システムとして運用していくためには、システムに合わせて、本格的に予測部分を実装する必要があります。3章でも少し触れましたが、AIはあくまでデータを作ってくれるものであると考えると、システムに内包された1つの機能となります。そのため、AIモデル構築を行って学習済みモデルを作って終わりではなく、システムに組み込む必要がある、ということを頭に入れておきましょう。

💬**AIを作る際の全体像**

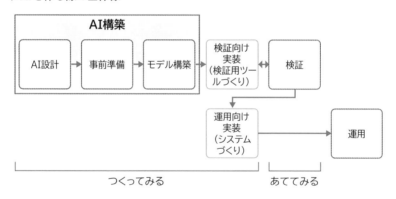

　では、設計を行っていきましょう。一般的に想像されるシステム開発と違って、「やってみないと精度が分からない」と戦うのがAIの難しいところです。要件が初期段階から固まりにくいため、設計に関しても比較的抽象度が高い状態から始まり、少しずつ固めていく感覚を持ちましょう。では、設計を進めていきます。設計で主に決めることは、①需要予測AIの方針に関わる部分として、目的、ターゲット、想定用途、運用頻度、評価方

法など、②AIの詳細な設計として、目的変数、説明変数、利用データ、モデルの粒度、評価指標などです。いきなり、いろんな言葉が出てきて不安になるかもしれませんが、1つずつ説明していくので、安心してください。①はプロジェクトそのものの方針に近い部分なので、サブチームのリーダーやプロジェクトリーダーが主体となって考え、②はデータサイエンティスト等が主体となって考えることが多いでしょう。

　では、①の目的、ターゲット、想定用途、想定頻度、評価方法を考えていきましょう。ここまでは、AIだからと言って特殊なことはありません。目的、ターゲット、評価方法などのように3章のデータ分析とも共通する部分がありますが、今回、プログラムで動くもの（AI）をつくるので、想定用途や運用頻度をある程度決める必要があります。この辺は、むしろシステム開発と通じる部分があります。ただし、AI自体の精度がまだ分からないので、現時点での想定用途や運用頻度は、変わる前提として簡単に考えておきましょう。

💬 **需要予測AIの設計**

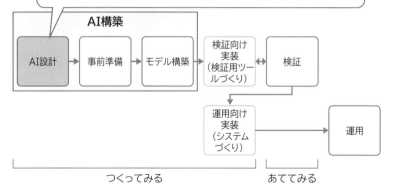

AI設計

目的
需要を予測するAIを構築して、発注作業の効率化を図る

ターゲット
店舗発注者

想定用途
店舗発注者が発注時に、AIが予測した需要予測結果を見て、発注作業を行えるようにする

想定頻度
・日時（毎朝）

評価方法
・発注にかかっている時間の削減
・廃棄等の無駄の削減
・在庫切れの低減

　今回は、店舗発注担当者の発注作業の効率化を目的に、需要予測AIを構築します。しかし、効率化という言葉は魔法の言葉で、非常に曖昧な言葉です。そのため、効率化とはいったいどういうことなのかを考えておきましょう。評価方法を考える際に少し具体化します。今回のケースで言えば、需要予測AIを運用していくことで、発注担当者の作業の効率化、つまり発注にかかっている時間が削減できることが考えられます。今までは、店舗の発注担当者が、売上の集計、必要な情報の収集や集計を行い、データを多角的に考えて発注を行っていました。ただし、一緒に考えてくれるパートナーがいないことで、データの集計はもちろんですが、考える時間にも多く時間がかかってしまっていました。そこで、AIというパートナーが、様々なデータから、需要の状況を予測してくれると目安がつきやすくなるため、時間の削減につながる可能性が出てきます。ただし、時間の削減だけでなく、需要予測AIが有効なものであれば、当然、過剰に発注してしまい廃棄が増えたり、逆に需要を見誤って在庫切れのリスクが減ることも期待できます。これは、本社として、需要予測AIがスタンダード化すると、店舗ごとの廃棄や在庫切れ度合いのバラツキが減ることが期待できます。

想定用途としては、店舗発注担当者が、発注時に AI が予測した結果を使うということになります。この部分は、業務構造とセットで考えると、非常に良いです。今回は、割愛しますが、つくるもの群の設定時に、店舗発注担当者がどういう業務の流れで仕事をしているかを整理しておけば、どこの業務に今回の AI を活用したいか、が明確になるでしょう。想定用途と業務構造が整理されていれば、想定頻度は自ずと決まります。今回の場合は、発注作業を毎日行う想定で考えています。

ここまでで、AI 設計の 1 つ目が終わりました。いかがでしょうか。ここまでは、AI だからといって、特殊なことはなかったかと思います。では、次に AI を作る上での詳細の設計を行っていきます。決めるべきことをもう一度書いておきますが、AI の詳細な設計として決めるのは、目的変数、説明変数、利用データ、モデルの粒度、評価指標などです。ここでは、これらの言葉の説明と同時に、AI 自体の説明を簡単にしていきます。まずは、今回のケースでの例を示します。

💬 **需要予測 AI 設計の詳細**

AI設計

目的変数

1週間後の需要が
増加or減少するかどうか

利用データ

過去1年分を使用
・売上データ（製品カテゴリ別）
・天気予報（気温、天気）データ
・イベント情報データ
・物価情報データ

説明変数

・過去の売上
・天気予報（気温、天気）
・イベント情報
・季節
・物価情報

モデル方針

教師あり学習
2値分類

モデルの粒度

製品カテゴリ別モデル

評価指標

正解率、F値

まずは、上から行きましょう。目的変数、説明変数ですが、目的変数とはAIで予測したい対象で、説明変数とはそれを予測するのに使用するための変数のことです。AI（機械学習）は過去のデータから傾向を学習し、未知のデータの予測を行うことができます。今回のケースで言うと、1週間後の需要が「上がるのか」「下がるのか」という比較的抽象的なものを目的変数としました。需要が「横ばい」なのかどうかは予測しなくて良いのか、と思う方もいらっしゃるかと思いますが、AIの活用テクニックでカバーしていこうと思いますので、後ほど説明します。1週間後なのかどうかは、業務の要件から決まります。1週間後の状況が分かっても発注が間に合わない場合は、1カ月後などのようにさらに先を見通す必要がでてきます。ただ、未来の予測になればなるほど、精度が下がる可能性が高いので覚えておきましょう。

　また、その目的変数を説明するもの（説明変数）として、過去の売上データ、天気情報、イベント情報などを考えています。これは、いわば需要が増加する（もしくは減少する）、ということを説明できそうな（寄与してそうな）ものを入れていきます。ここは、チームメンバーに店舗の発注を経験したメンバーが居ない場合は、店舗の担当者からヒアリングして、深堀していくと良いでしょう。特に、上手く需要を掴めている優良店舗の発注担当者の意見を聞くのが良いでしょう。これが、いわゆる発注のノウハウをAIに取り入れるということです。まずは、仮説で良いので、こういう要素が需要に効いてくるということを洗い出しておきましょう。

　ここまでくれば、必然的に利用するデータは決まります。その際に重要なのは、目的変数と説明変数が紐づくデータを用意する必要があるということです。繰り返しになりますが、AIは、過去のデータをもとに学習を行います。つまり、天気予報が晴れで、最高気温が27度の場合には（説明変数）、飲み物の需要が上がった（目的変数）を紐づける必要があるのです。説明変数はあるが、目的変数と紐づかないケースもあるので、注意しましょう。今回の場合、例えば、売上データと天気予報データは、日付や

店舗の所在地があれば、データは紐づきそうですね。今回は、売上データを使えば、需要が増えたのかどうかのデータは作成できるので、売上データは目的変数として使用します。ただし、ここで注意が必要なのは、厳密には「需要＝売上」ではなく、本来は在庫切れしていたために売上があがらなかったケースも考えられます。その場合、例えば、在庫切れしていた製品カテゴリはデータから除外するなどしても良いでしょう。ここでは、「需要＝売上」として考えていきます。

それと同時に、過去の売上データは、説明変数としても使用する予定です。このように、目的変数と説明変数が同じデータから作成される場合もありますし、別のデータとして存在しデータを結合させる場合もあります。そういった観点で、「利用データ」と「説明変数/目的変数」は分けて整理するのが良いでしょう。後で、詳しく説明しますが、今回のケースのように、説明変数と目的変数が同じデータの際には、時系列が逆行しないように、データの加工に注意が必要なので頭の片隅に入れておきましょう。

💬 AIモデルのイメージ

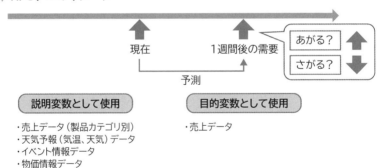

では、続いて、モデル方針などに移っていきます。ここからは、主に構築するAIモデルに関してです。モデル方針は、主に、教師あり学習or教師なし学習を決めた上で、もう一段手法まで考えます。まずは、教師あり学習について簡単に説明すると、目的変数と説明変数を紐づけて学習する場合は、教師あり学習です。例えば、優良顧客の例で考えてみます。目

的変数として、優良顧客かどうかを考えたい場合、教師あり学習（分類）でも教師なし学習（クラスタリング）でも、分類することは可能ですが、教師あり学習の場合は、優良顧客を目的変数としてデータから定義して、こういうデータの人は優良顧客である、というフラグをあらかじめ作成し、それを学習させるのです。

　一方で、教師なし学習の場合は、単純にデータの分布からグルーピングを行い、グルーピング結果を分析して、「グルーピングされたうちのグループXX は優良顧客です」というような定義を行います。説明変数と目的変数を紐づけた教師データを与えずに学習することから、教師なし学習と言われます。一概には言えないのですが、教師なし学習は、比較的、分析の過程で使用されることが多く、どちらかというと3章のようなデータ分析系のプロジェクトの中で使われたりします。優良顧客が定義できるのであれば教師あり学習を用いますが、そもそも優良顧客の定義が難しい場合、分析しながら定義づけをしていく必要があるので、教師なし学習を使うことになります。また、異常検知などの場合は、異常の定義が難しい、異常データが十分に取れないなどの観点から教師なし学習が用いられることもあります。ただし、定義づけが難しい場合や、データの紐づけが難しい場合を除けば、教師あり学習の方が用いられることが多いです。

　教師なし学習のもう一つの代表的な技術として、次元圧縮という技術もありますが、これも変数がたくさんありすぎて可視化できないときに、情報を保持したまま2次元で可視化したりする場合の手法として用いられ、どちらかというと分析の過程で使用されることが多いです。

　今回のケースのように、需要予測AIなどのようなものは、一般的には教師あり学習が使用されます。前述した異常検知の例を除けば、AIプロジェクトといえば、教師あり学習のようなイメージもあるように思います。

💬 教師あり学習 vs 教師なし学習

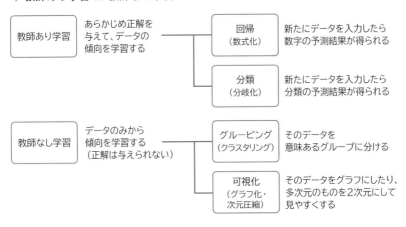

　では、もう1段、教師あり学習を深堀していきます。教師あり学習の場合、回帰か分類に分けられます。予測対象が数字などの連続値の場合は回帰、予測対象がカテゴリなどの離散値の場合は分類と言います。例えば、今回の需要予測のようなケースで考えると、「1週間後の売上金額は145万円だ」のように数字を予測する場合は回帰となります。一方で、「1週間後の売上は上がる」のように、上がるのか、下がるのか、というような、カテゴリを予測する場合は分類になります。今回のケースでは、上がるか、下がるか、の2つの分類なので、2値分類といいます。もし、上がる、横ばい、下がるのように、3つの分類の場合は、多値分類や、3クラス分類とも言われます。普通に考えたら、需要予測の場合は数字の予測だから回帰だろう、と思われるかもしれませんが、ここではあえて分類問題にしています。これは、本書の都合上説明しやすいという点もありますが、あくまで個人的な見解として、どちらかというと分類問題の方がうまくいくという感触があるからです。いくらAIといっても、やはり数字をピタリと当てるというのは難しいですし、複雑すぎる問題は精度が下がることが多いです。そのため、なるべくモデル方針は、簡単な問題に落とした方が良いと考えています。分類問題の中でも、2値分類の方が簡単なので、出来るなら「増加するか/しないか」のような簡単な問題に落とせるかどうかは意識していくと良いと思います。

ここまでで、モデル方針までが終わりました。実は、このモデル方針より詳細な部分に、アルゴリズムという概念があります。アルゴリズムは、例えば、決定木とかサポートベクターマシン（SVM）やニューラルネットワークなどといったものです。ディープラーニングのCNN（畳み込みニューラルネットワーク）などもアルゴリズムの1種です。アルゴリズム自体は現時点では決めなくて問題ないです。どちらかというと、様々なアルゴリズムを試してみて、精度を見ながら徐々に絞り込んでいき、結果的に決まるもの、と考えておくと良いでしょう。

　では次に、モデルの粒度です。モデルの粒度というと少しわかりにくいですが、これは、モデルを作る際にどの単位でモデルを作るのかを考えることです。今回のケースで言えば、例えば、酒類、生鮮食品などの製品カテゴリ別に需要予測モデルを作るなどです。モデルの粒度を考える際には、要件を考慮して考えるものと、精度を考慮して考えるもの、の2つを検討する必要があります。

　前者の、要件を考慮して考えるものというのは、例えば、ある店舗の売上データから、1週間後の需要が上がることが分かっても、どの製品カテゴリが増加するかが分からないのであれば、役に立ちません。そのため、製品カテゴリレベルで知りたい、などのように要件が決まってきます。その際、製品カテゴリによって需要を予測する上でデータの傾向が明らかに異なる場合は、説明変数も各製品カテゴリで別になる可能性があるので、モデルを分ける必要が出てきます。

　一方で、後者の、精度を考慮して考えるものは、例えば、店舗ごとに大きく特徴が違うので、モデルを分けた方が精度が高くなるケースです。その場合、店舗別のモデルを作る必要があります。どちらのケースにおいても、細分化すればするほど、モデルを作る量が増えるので、闇雲にモデルを増やすのは避けるのが良いでしょう。

前者のように要件レベルで明らかに分けた方が良いものは、この時点で分けるのを検討した方が良いでしょう。ただし、細かすぎると、モデルを作る量が増えるので、工数も考慮して、モデルの粒度を決めていく必要があります。もし、限られた工数の中で詳細化したい場合は、全製品に対して行うのではなく、売上インパクトなどから優先順位を決めて、一部の製品に対しての需要予測モデルを作ると良いと思います。

後半のモデルを分けた方が精度が高くなるかもしれない、という理由であれば、最初から細分化するのではなく、1度クイックに大まかなモデルを作成して評価してみてから、ダメなら細分化していく判断をしても遅くないでしょう。ダメだからやり直すというと、後戻りしてしまうから無駄なように思えますが、最初から細分化したモデルを大量に作成するよりも、1度大雑把にでもモデルを作った方が結果的に工数は少なく済むケースが多いです。

💬 モデルの粒度

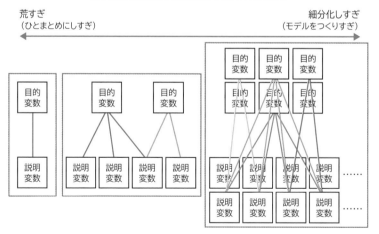

モデル粒度のイメージ
（目的変数と説明変数を用いたモデルの場合）

荒すぎ
（ひとまとめにしすぎ）

細分化しすぎ
（モデルをつくりすぎ）

では、最後に評価指標についてです。これは、AIモデルを評価する際の一般的な指標から選択していくことになります。非常に奥が深いので、あ

4
ケーススタディ②　複数の取り組みたいテーマをチームで進めていくプロジェクト

まり詳細は説明しませんが、教師あり学習の分類の場合、代表的なのは、正解率、再現率、適合率、F値があります。これらは、要件と合わせて選択することになります。これを理解するには、混同行列から理解すると分かりやすいです。簡単なので2値分類で説明していきます。

💬 混同行列と代表的な評価指標

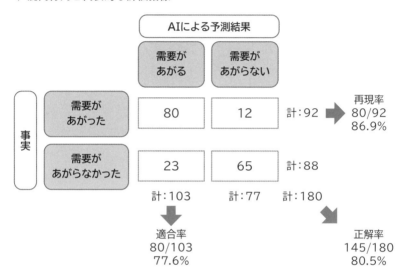

これまで、述べてきているように、教師あり学習の場合、正解である教師データと、現時点でのAIの予測結果が紐づいています。例えば、AIでは「需要があがる」と予測したけれど、実際の答え合わせをすると、「需要があがった」ケースと「需要があがらなかった」ケースが考えられます。需要があがると予測したデータが、実際に需要があがっていたデータであれば正解なわけです。そう考えると、AIの予測結果と事実をもとに、4象限に分けられます。それが混同行列です。図中の左上、右下がいわゆる正解として定義できるので、全データ数180件に対して、80+65の145件が正解です。つまり、140÷185が正解率になります。一方で、適合率とは、需要があがると予測したものの中でどれだけ正解できたか、が適合率です。つまり、左半分が集計に使用するデータです。図中の例だと、

80+23の103件のうち、80件が正解だったため、77.6%が適合率となります。逆に、再現率は、実際に需要があがったデータの中で、どれだけ正解できたか、となります。図中で言うと、上半分となり、80+12の合計92のうち、80件が正解なので、86.9%が再現率となります。

　これらの指標のポイントは、目的によって変わってくるという点が重要です。実際に、どのように選択するかというと、再現率は取りこぼしたくない場合で、適合率は取りこぼしても良いから確実に捉えたい場合に選択します。例えば、癌の検出モデルなどの場合は、取りこぼすのが問題となるので、多少誤検出があったとしても検出したいわけです。その場合は、再現率を重視します。一方で、例えば、クーポン発行などを考えた場合、クーポンを発行したものが支出になる可能性があります。その場合、取りこぼしても良いから、より届けたいユーザーを予測できるように適合率を重視します。

　どちらの要件かが定まっていない場合は、F値を用いるのが良いでしょう。F値は、再現率と適合率の調和平均を取った指標です。調和平均というと一般的な平均値と違う気がしますが、あくまでも平均の一種であり、比率などの場合に適用されます。平均と考えると、適合率と再現率のバランスを考慮した指標なので、困ったらまずはF値を置いておくと良いでしょう。F値を代表的な指標としつつ、どちらというと適合率、のように考える場合もあります。総合的な指標として、正解率もありますが、実際の現場では、正解率よりもF値が重視されるケースが多い気がします。その理由としては、正解率はサンプルが不均衡なデータの場合、正しく評価できないからです。実際に、例を見てみましょう。例えば、正解率97%の精度が出た場合に、この精度は良い精度なのかを考えてみます。正解率97%というと良い精度に思えますが、次図のような混同行列だといかがでしょうか。

💬 不均衡データの混同行列

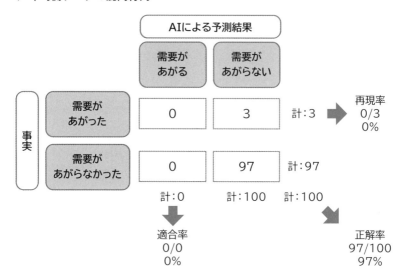

データが不均衡で、ほとんどが、需要があがらない場合、AIがすべて「あがらない」と予測した場合でも、正解率は97%を示します。これで、AIモデルができたといえるでしょうか。このように、データが不均衡な場合は、正解率はあてになりません。実際のビジネスの現場では、不均衡なデータの方が多いので、F値などの方が使われることが多いです。

　3クラスの場合も、基本的には同じです。3×3の9象限のマトリックスになります。需要があがる、横ばい、さがる、それぞれにおいて適合率や再現率を算出し、平均を取ることが一般的です。ただし、2値分類の時よりも複雑になるので、注意しておきましょう。

　今回の設計では、現時点で特に、再現率、適合率を重視する方向性はないので、正解率もしくはF値を重視する想定で行きます。

　では、ここまでの設計書をもう一度眺めてみましょう。

AI設計

AI設計

AI設計

需要を予測するAIを構築して、発注作業の効率化を図る

ターゲット

店舗発注者

想定用途

店舗発注者が発注時に、AIが予測した需要予測結果を見て、発注作業を行えるようにする

想定頻度

・日時（毎朝）

評価方法

・発注にかかっている時間の削減
・廃棄等の無駄の削減
・在庫切れの低減

AI設計

目的変数

1週間後の需要が
増加or減少するかどうか

説明変数

・過去の売上
・天気予報（気温、天気）
・イベント情報
・季節
・物価情報

利用データ

過去1年分を使用
・売上データ（製品カテゴリ別）
・天気予報（気温、天気）データ
・イベント情報データ
・物価情報データ

モデル方針

教師あり学習
2値分類

モデルの粒度

製品カテゴリ別モデル

評価指標

正解率、F値

いかがでしょうか。説明を受けて、なんとなく決めるものや選択するイメージが湧いてきたのではないでしょうか。3章でも述べましたが、設計はどんどん更新していけば良いので、あまり時間を掛けずにやってしま

いましょう。特に、説明変数や使用するデータは、ヒアリングしたり、データ分析を行うことで、より具体化していくことが多いです。あまり好ましいことではないですが、目的変数ですら、AIを作ってみてから変わることさえあります。例えば、目的変数が、「需要があがった」、「横ばい」、「さがった」の3クラス分類の場合、定義はどのように設定すれば良いでしょうか。前週よりも○○円あがったら、需要があがったと定義するのか、○○%あがったら、需要があがったと定義するのかは決まっていません。こう言った場合は、データを見てみないと分からないので、AIモデルを構築する前の事前準備として簡易的な分析をして決めていくことが多いので覚えておきましょう。では、次に、事前準備から、AIモデル構築までやっていきます。少し説明が多くなったので、リフレッシュして、次にのぞみましょう。

4▶3 需要予測AIを「つくってみる」ための事前準備

では、次に、事前準備を行った後、いよいよAIモデル構築を行っていきます。

ここに関しても、まだまだ「つくってみる」です。

💬「つくってみる」

AIを作るの流れを再度確認しておきましょう。AI設計、事前準備、AI構築、検証、運用の中で、AI設計が完了し、事前準備、AI構築を進めていきます。ここまでが、「つくってみる」です。では、事前準備とは、一体何をするのでしょうか。それは、「データ加工」と「データ分析」です。「データ加工」は、AI構築ができるような形になるように、データを結合したり目的変数や説明変数を作成したりする作業です。また、この加工は、事前の「データ分析」にも使用します。また、分析を受けて、変数を作り直すこともあるので、まずは、「データ加工①」をやった後、「データ分析」を行い、AIモデル構築に向けて「データ加工②」をやっていく流れが多いです。

● **事前準備の流れ**

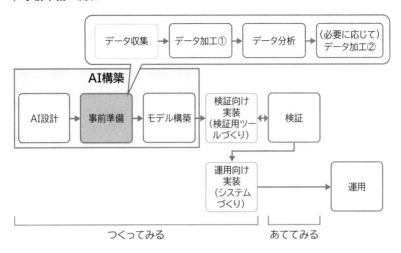

では、まず、「データ加工①」からです。3章でも少しお話しましたが、データ加工を考える上では、データの粒度を考える必要があります。先ほど説明したモデルの粒度ではなく今度はデータの粒度ですので混在しないように気をつけてください。前回は、細かいほど良い、というお話をしましたが、今回はAIモデルに合わせてデータの粒度を考える必要があります。データの粒度を考えるために、今回作成するAIモデルを再度整理してみましょう。今回は、1週間後に、需要があがる、さがる、を予測することになります。つまり、ある特定の基準日から、1週間後を予測します。

AIモデルのイメージ（再）

例えば、図の例で言うと、2022年4月1日までのデータを用いて、4月8日の需要が「あがる」のか「さがる」のかを予測します。つまり、今回の場合は、「特定の基準日」ごとに、データが作成されます。また、忘れてはいけないのは、「製品カテゴリ」別にモデルを作成する部分です。さらに、今回の場合は、店舗の発注業務で使用するため、「店舗名」別にデータとして保持する必要があります。これらを整理すると、データの粒度は、「基準日」「製品カテゴリ」「店舗名」が1行になるようなデータです。このように、まずは、データの基本（粒度）を押さえます。

今回作成するデータの粒度イメージ

基準日	製品カテゴリ	店舗名
2022-04-01	酒類	AAA店
2022-04-02	酒類	AAA店
2022-04-01	生鮮食品	AAA店
2022-04-01	酒類	BBB店
・・・・・・・・	・・・・	

過去のデータなので、例えば、2022年4月1日、4月2日のように基準日が変わると行が変わります。また、1行目と3行目のように、同じ2022年4

月1日、AAA店でも、製品カテゴリが酒類、生鮮食品では、データの行が異なります。さらに、1行目と4行目のように、同じ2022年4月1日、酒類でも、店舗名がAAA店とBBB店のように異なる場合は、行が異なってきます。では、これを基準にデータの結合方針を考えていきましょう。

3章と同様の設計を考えていきます。

💬 **モデル構築用データの加工設計**

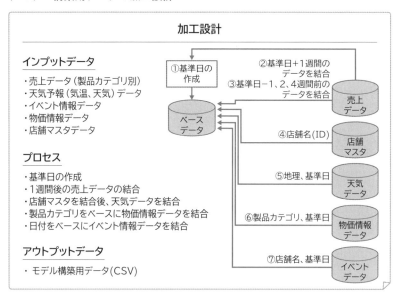

今回は、売上データを3回使います。①基準日としての売上データ、②目的変数として使用する予定の+1週間の売上データ、③説明変数としての使用する予定の過去の売上データ（1、2、4週間前のデータ）です。少し複雑なので、4月1日が基準日だったイメージを整理しておきます。

● 基準日4月1日における売上データ加工の例

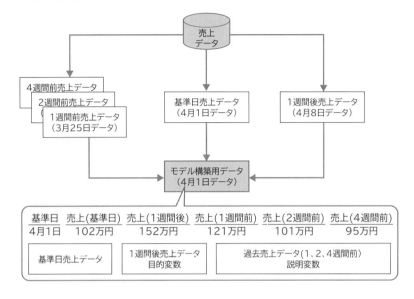

　基準日が4月1日の場合、4月1日から1週間後の4月8日の売上データを結合します。これが4月1日のデータに対する目的変数となってきます。また、説明変数として、過去のデータを使用する想定なので、1週間前の3月25日のデータなどを結合します。過去のデータは、今回は、1、2、4週間前を使用していますが、実際には、前日のデータや、前年比のように1年前などの古い過去データを使用する場合もあります。これは、1週間後の売上に寄与しそうな要素を考えて、説明変数として設定しましょう。ヒアリング等で、店舗の発注担当者などに話を聞くと良いでしょう。全く検討がつかない場合などは、売上データだけを用いて3章のようにデータ分析を行い、現場にあててみても良いでしょう。

　ここで、やってはいけないのは、時間の逆行です。例えば、基準日の1日後である4月2日のデータを用いてしまうことです。基準日が4月1日なので、この時点では4月2日のデータは存在しません。そのため、4月2日のデータは、説明変数として使用することができないわけです。いわれると当たり前のように感じますが、よく誤って入れてしまい、運用の時に

気づく場合もあります。天気予報や物価情報などの結合するデータに関しても、日付を意識して、本来使ってはいけないデータを使わないように、データ加工には細心の注意を払いましょう。これで、データの1行のイメージが湧いてきましたでしょうか。前図のように、基準日に対して、売上がくっついたようなデータとなります。実際には、データの粒度は、「基準日」「製品カテゴリ」「店舗名」になるので、「基準日」「製品カテゴリ」「店舗名」に対して、売上やその他の説明変数がくっついたようなデータになります。3章でも述べたように、データ加工が完了したら、データのチェックは慎重に行いましょう。誤って、売上が実際の数字の倍になって集計されていたら冗談では済まされません。

　では、続いて「データ分析」に移っていきます。

● 事前準備のためのデータ分析

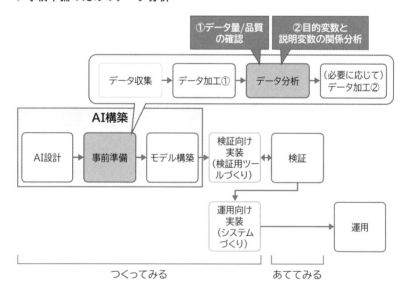

　ここでのデータ分析は、AIモデルを構築する前の事前分析です。事前分析では、主に①データ量/品質の確認、②目的変数と説明変数の関係を分析していきます。3章で触れた、データ精査および概要の把握、考察に向けた可視化と本質的には一緒ですが、よりAIモデル構築のための分析に特化しているため、ある程度確認すべき項目が明確です。

　まずは、①データ量/品質の確認ですが、3章のケーススタディで分析を行った時と同様に、データの件数、データの代表的な統計値、データの分布は把握しておきましょう。それに加えて、欠損しているデータの数（欠損値）を、全ての変数に対して確認しておきます。機械学習などのAIモデルを構築する際には、欠損値はそのまま使用することができません。欠損値は補完して使用するか、欠損値の数が多い変数は使用しないことを検討する必要が出てきます。よく、データはあると思っていたけど、欠損値が多くて使える変数が著しく少ない場合があります。どうしても重要だと考えているため使用したい変数の場合、他のデータで代用できないか、を検討していきましょう。

　最後に、データの種類を把握しておくと今後の流れがスムーズです。ここで主に確認すべき項目とは、「連続変数」なのか「カテゴリカル変数」なのかという点。連続変数は、売上のように連続的な数字を取りえる変数です。一方で、カテゴリカル変数は、店舗や製品カテゴリのようなカテゴリに分けられている変数です。AIモデルは、基本的に数字を処理するものなので、文字をそのまま扱うことができないため、AAA店舗などのデータを数字として扱えるように、ちょっとした処理をAIモデルに投入する直前に行って、変数として使用するのが一般的です。実際には、カテゴリカル変数の中でも、店舗などのように順序に意味を持たないもの（名義尺度）と、売上ランクA、B、Cのように順序に意味があるもの（順序尺度）があります。こちらは、同じカテゴリカル変数でも、若干処理の仕方が異なるので、各変数が「連続変数」「カテゴリカル変数 順序尺度」「カテゴリカル変数 名義尺度」のどれにあたるのかを確認しておきましょう。

💬 データの種類

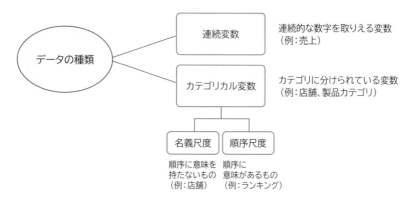

　ここまでで、①データ量/品質の確認は完了です。繰り返しになりますが、3章と同様に、データの件数、データの代表的な統計値、データの分布は押さえつつも、次図のように、変数ごとに、欠損値やデータの種類を押さえておきましょう。Pythonのプログラム等で、自動でExcelの一覧が作成できるようにしておくのも手でしょう。

💬 変数ごとに押さえるべき項目

	A	B	C	D
1	説明変数	欠損値の数	データの種類	
2	1週間前の売上変化率	0	連続変数	
3	2週間前の売上変化率	0	連続変数	
4	4週間前の売上変化率	0	連続変数	
5	1週間前の売上	0	連続変数	
6	2週間前の売上	0	連続変数	
7	4週間前の売上	0	連続変数	
8	天気予報_気温	25	連続変数	
9	天気予報	25	カテゴリカル変数（名義尺度）	
10	天気予報_湿度	25	連続変数	
11	製品カテゴリ	21	カテゴリカル変数（名義尺度）	
12	売上ランク	0	カテゴリカル変数（順序尺度）	
13	・・・・・・・・・・・			
14				

　さて、続いて、②目的変数と説明変数の関係分析に移っていきます。この分析は、目的変数、説明変数をより具体化していくプロセスをイメージすると良いでしょう。まずは、目的変数に関してです。今回のように、あ

がった、さがったの場合は、基準日の売上と1週間後の売上を比較して、あがった場合は1、さがった場合は0を入れれば目的変数が作成できます。せいぜい、基準日の売上と1週間後の売上が、全く同じだった場合どうするかを考えておけば良いのですが、1円単位で同じになることは稀なので、今回はほぼ考えなくて良いでしょう。もし、考える場合は、どちらかに入れるか、除外してしまうかを検討します。データ件数が少ない場合は、ノイズにならないように、除外してしまう方が良いでしょう。①のデータの量/品質チェックでも確認しているかと思いますが、0と1の件数の比率は確実に押さえておきましょう。

　では続いて、目的変数と説明変数の関係性を見ていきます。これは、説明変数が有効であるかどうかをある程度把握するための作業です。AIに投入してしまえばいいじゃないかと思う方もいらっしゃるかと思いますが、そんなことはありません。AIモデルを構築/改善していくのは、いろんな選択肢が存在し、暗中模索状態に近いです。その際に、事前にこういった変数が効くはずだ、などの感覚を持っておくことで、1つの指針になりますので、必ず押さえておきましょう。では、目的変数と説明変数の関係性を見る場合にはどのようにするか、ですが、目的変数が離散値なので、基本的には1/0の比率を見ていけば良いでしょう。例えば、8月になると、酒類の需要があがる傾向にあるはずだ、という場合は、次図のようなグラフを作成すると傾向が見えてきます。同じように、天気予報が関係しているのであれば、天気予報別に、1/0の比率を見ていくと良いでしょう。過去の売上のように連続変数の場合は、ヒストグラムでやったときのように、売上をある範囲で均等に分割していき、1/0の比率がどのように変わっていくかを見ると良いでしょう。ただし、単純に1週間前の売上を見るべきなのか、変化率を見るべきなのかは考える必要があります。需要に寄与するものを探す、という目的がはっきりしている分析なので、需要に寄与している情報は何か、のようにヒアリングすれば仮説は出やすいでしょう。その仮説をもとに、ある程度、説明変数を選定し、ここで可視化することで仮説を検証していきます。全く関係性が見出せないような場合は説明変数自体を見直してみましょう。

4

ケーススタディ② 複数の取り組みたいテーマをチームで進めていくプロジェクト

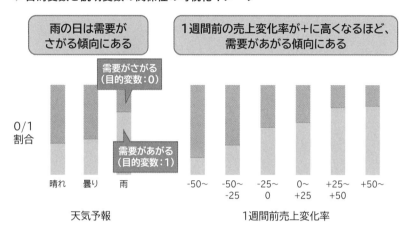

💬 目的変数と説明変数の関係性の可視化イメージ

雨の日は需要が
さがる傾向にある

1週間前の売上変化率が+に高くなるほど、
需要があがる傾向にある

需要がさがる
（目的変数：0）

需要があがる
（目的変数：1）

0/1
割合

晴れ　曇り　雨

-50~　-50~　-25~　0~　+25~　+50~
　　　-25　　0　+25　+50

天気予報

1週間前売上変化率

　これによって、具体的に目的変数と説明変数が決定します。設計資料を更新しておくと良いでしょう。説明変数は非常に多くなる可能性があるので、Excel等で一覧化しておくと良いです。

　ここまでで主な事前分析は完了です。最後の「データ加工②」は、必要に応じて実施します。例えば、分析の結果、目的変数の作り方が変わったり、データの不備や欠損値への対応がルールで決められた場合は、「データ加工①」を改良しておくと良いでしょう。ただし、欠損値の処理などの一部の加工に関しては、この後のAIモデルを構築する際にも実施しますので、「システム上、欠損値になっていますが、0という意味と同義です」のように、よほど確実に決められるケース以外はやらなくても問題ありません。

　ここまでの話は具体的なエンジニアリングの側面もありますが、あくまでもおさえるべきポイントを説明しているので、エンジニアやデータサイエンティスト以外の方こそ押さえておくべきことだと思っています。もし自社でエンジニアやサイエンティストを抱えない場合でも、このポイントを押さえておけば、外部の企業や人材にお願いすることもできます。

それでは、ここからようやくAIモデルを構築していきますが、実は、まだ細かい部分を考える必要があります。それは、実験の設計です。

● **実験設計**

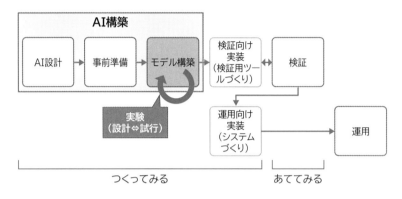

AIモデル構築は、試行錯誤を繰り返すことで少しずつ精度を上げていきます。このような条件でAIモデルを構築してみたら、こういう精度であった、だから次はこういう条件でやってみよう、というように実験を繰り返していくことで精度を上げていくイメージです。ここまでのAI設計は、要件としてあまり変わらないもの、もしくはあまり変えてはいけないものです。変える場合は、目的や想定用途なども含めて検討していく必要があります。一方で、ここから先の実験設計は、上記の要件の中で、複数ある選択肢をどのように選択して組み合わせていくと精度がよくなるのか、と試行錯誤していくことになります。例えば、アルゴリズムは何を選択するべきなのか、また、特定のアルゴリズムでもどのようにパラメータを選べば良いのか、などです。比較的、データサイエンティストの暗黙知になりやすい部分ですが、データサイエンティスト以外のチームメンバーもできるだけ理解しておくと良いでしょう。外部パートナーにお願いする場合もあると思いますが、その際には、まかせっきりになるのではなく、議論には加われるように、何をおさえるべきなのかを把握しておくと良いと思います。

では、AIモデルにおける選択肢がどんなものなのかを説明していきますが、プログラムの流れと合わせて整理していきたいと思います。イメージを掴むためにも、まずは、AIモデル構築プログラムの流れを確認しつつ、選択肢を整理していきましょう。

今回のような教師あり学習の場合、一般的には、①データの読み込み、②事前加工、③学習、④評価の流れのプログラムを作成することになります。その処理のイメージと、合わせて、実験で考えるべき選択肢を示します。

💬 プログラム処理と選択肢のイメージ

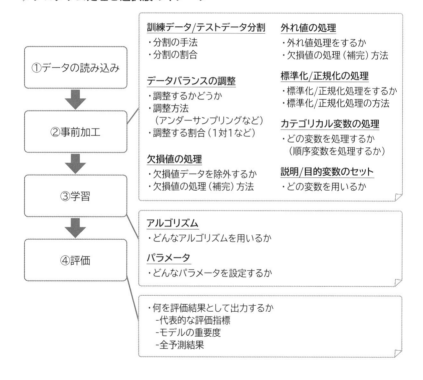

まず事前加工では、訓練データとテストデータの分割、データバランスの調整、欠損値の処理、外れ値の処理、標準化/正規化処理、カテゴリカル変数の処理、説明変数と目的変数のセットなどがあります。これらの処理では、選択肢がたくさん潜んでいます。1つ1つ内容を説明しながら、選択肢を見ていきます。

　まずは、訓練データとテストデータの分割です。そもそも、機械学習な
どのAIモデルの目的は、過去のデータをもとにモデルを作成し、未知の
データに対して予測することです。つまり、「良いAIモデル」というのは、
あくまでも未知のデータに対して精度が良いということになります。そ
れを、汎化性能と言います。そのため、学習（モデル構築）に用いる訓練
データと、精度を評価するためのテストデータに分けて、モデル構築と評
価をやっていきます。では、どのように分割するかですが、大きくは、分
割の手法（何分割にするのかなど）、分割の割合（7対3など）、どのように
データを選択するか、などが選択肢になります。奥が深いのであまり詳細
は述べませんが、データの数によって、分割の方法、割合、選択方法を考
えるのがポイントです。最も簡易的な分割は、単純に2分割（もしくは3
分割）してしまうことです。割合も、7対3や8対2などで、訓練/テスト
データを分けるのが一般的です。ただし、データ数が少ない場合は、たま
たま抽出したデータに引っ張られ、精度が異様に高くなったり低くなっ
たりすることも考えられます。そのため、データ数が少ないときは、交差
検証と言われる分割（および評価）手法が取られることが多いので頭の片
隅に入れておきましょう。

●訓練データとテストデータの分割

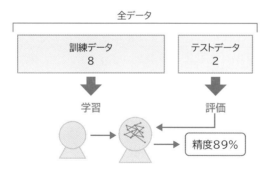

　次は、データバランスの調整です。機械学習などのAIモデルは、基本的
に統計学をもとに成り立っています。つまり、データの数にある程度左右
されるということです。例えば、不正検知などの場合、そもそも不正の数

が少なく、全体の5%程度であったととします。もし仮に、100件のデータがあった場合、目的変数として定義された不正は、5件のみで、残りの95件は正常なデータになります。そのようなデータバランスの場合、不正の5件の特徴を掴めない可能性がでてきます。そのため、データのバランスを揃えて、特徴を捉えやすくすることがあります。最も簡単なのは、95件の正常なデータを5件にしてしまい、不正5件、正常5件のように調整することです。これをアンダーサンプリングと言います。一方で、少ない5件を水増しして90件増やすという方法がオーバーサンプリングと言います。データが大量にあって、アンダーサンプリングをしても、十分なサンプル量を確保できれば、比較的分かりやすいアンダーサンプリングで良いですが、サンプル量が確保できない場合は、オーバーサンプリングを使うことになります。その場合、どうやって水増しするかの手法によって、増え方が違い、精度に影響を及ぼす可能性もあるので注意しましょう。また、サンプルバランスも、一般的には、1対1に調整することが多いですが、1対2や1対3にする場合もあるので、精度を見ながら変えていくのが良いでしょう。

　では、ここまでを整理すると、データバランスの調整の選択肢は何になるでしょうか。まず、最初に、そもそも調整をするのかどうかですね。また、もし調整するのであれば、アンダーサンプリングにするのか、オーバーサンプリングにするのか、またオーバーサンプリングのどんなロジックで水増しするのか、のような水増しの手法などを考えます。さらに、調整する割合も考える必要があります。よほど、極端な例でなければ、まずは、調整なしで進めて、精度を見ながら進めていくので良いと思います。

● サンプルバランスの調整

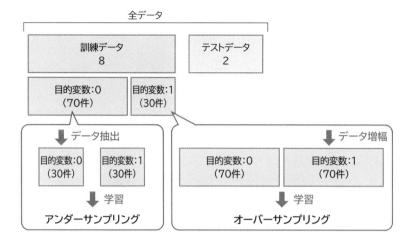

　では、続いて、欠損値の処理についてです。データ加工の際にも触れましたが、データが欠損したままではAIモデル構築ができません。情報が不足しているので、データの傾向を学習できないのです。欠損値があった場合は、データとして除外してしまうか、何かしらの値を埋めるか、のどちらかが主な処理方法です。前者のデータとして除外してしまう場合は、予測する際にも除外することになるので、欠損しているデータが予測対象から除外しても要件的に問題ない場合のみこの手法を取ることになります。例えば、店舗名が欠損している場合は、本社によるシステム処理データなので、除外しても問題ないケースなどが分かりやすい例です。それ以外にも、新規店舗などは、過去の売上データがないので、例えば、4週間前の売上金額がないことがあります。この際、新規店舗は予測対象から外してしまって問題なければ、除外すると良いでしょう。ただし、精度が若干低くても良いから予測をしたい場合は、後者の「何かしらの値を埋める」補完処理が必要となります。欠損値の補完に関しては、ケースバイケースではありますが、データの平均値や中央値で埋めるなどが主な方法でしょう。このように、欠損値のあるデータを除外するのか、しないのか、また、除外しないとすると、どのように補完するのか、が選択肢になってきます。

欠損値の補完について

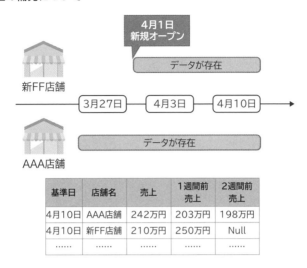

基準日	店舗名	売上	1週間前売上	2週間前売上
4月10日	AAA店舗	242万円	203万円	198万円
4月10日	新FF店舗	210万円	250万円	Null
……	……	……	……	……

　次に、外れ値の処理についてです。外れ値とは、異常なほどデータの傾向が外れているケースです。特に、3章で説明した「べき分布」のようなデータだと、かなり裾を引くような分布になり、異様に高い売上金額などが存在する可能性が高いです。AIモデルはあくまでも統計学に基づいてデータの傾向を学習します。そのため、異様に高いデータに引っ張られてしまい、上手く予測ができないケースもあり、外れ値を処理する必要が出てきます。外れ値の議論は、データの分布などとの関係も深く、欠損値の際と同じようにケースバイケースではあります。ただし、欠損値とは違い、外れ値の処理をしなくてもAIモデルは構築することができます。そのため、選択肢としては、まずは、どこを外れ値として定義するのか、その外れ値の処理をするのか、しないのかが選択肢として考えることになります。外れ値の定義自体、一概にはいえず、現場の知見から「〇〇円以上はもう外れ値として扱おう」などのように決まることもあれば、データのバラツキの指標である標準偏差σの「2σまでを正常な値として処理しよう」のように統計学に基づいて決めることもあります。データの分布が3章で述べたような正規分布でなければ、標準偏差自体が意味を持たない

ケースもあります。「べき分布」などの場合、「単純に上位90%のデータは
処理しよう」のようなケースもあります。では、処理をする場合はどうす
るかというと、欠損値と同様に、データを除外してしまうのか、何かしら
の値に補正するのか、のどちらかです。何かしらの値に補正する場合は、
外れ値のデータは、基準以上のデータを外れ値として認定してすべて置
き換えてしまうのが一般的でしょう。例えば、売上100万円以上は外れ値
として考えるのであれば、150万円でも500万円でも100万円として置き
換えます。繰り返しになりますが、外れ値は、欠損値と違って処理しなく
てもモデルを構築することができます。悩んだらまずは、処理しないでモ
デルを構築して、精度を見てから検討しても良いでしょう。

💬 **外れ値の処理**

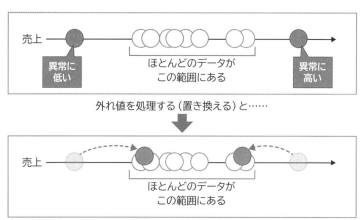

さて、まだまだ続きます。続いて、標準化/正規化処理です。これは、簡
単に言うと、連続変数間の単位を揃えることです。例えば、ある説明変数
は「売上」で、もう1つが「顧客数」だったとします。その場合、「売上」は
「1,456,000」円のように非常に大きな数字になりますが、「顧客数」は
「231」人のように「売上」と比較して小さな数字になることがあります。
その場合、「231」と「1,456,000」という数字を見た時に、大きな数字に引っ
張られたりするリスクあるので、数字の基準を揃える必要がでてきます。

その場合に、標準化や正規化と言われる手法を取ることになります。標準化や正規化に加えて、正規分布でない時に使用するロバストＺスコアなど数多く存在し、データの分布に合わせて、適切な手法を取る必要がありますので覚えておきましょう。一方で、アルゴリズムによっても、この処理が必須なものと、必須でないものがあります。代表的なものとしては、決定木などの木系アルゴリズムは、処理が必須ではありません。今回のようなマーケティングなどのAIモデルにおいては、単位が違う変数を多く使用するため、木系アルゴリズムが好んで良く使われる傾向にあります。データ分析とアルゴリズムを考えて、標準化／正規化処理をやるのか、やらないのか、もし処理する場合は、データ分析によって、どんな手法を選択するのかが選択肢になってきます。

💬 **正規化処理イメージ**

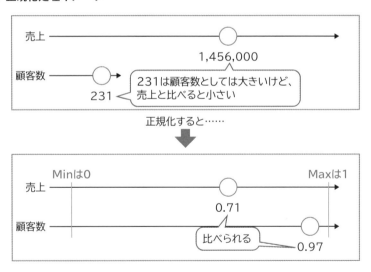

続いて、カテゴリカル変数の処理になります。事前分析のデータの種類のところでも少し触れましたが、店舗や製品カテゴリのようなカテゴリに分けられているカテゴリカル変数は、処理しないとAIモデルとして使用できません。AIモデルは、基本的に数字を処理するものなので、AAA

店舗などの文字をそのまま扱うことができません。そこで、ダミー変数に
する処理 (ワンホットエンコーディング) が必要となります。ダミー変数
とは、0と1のみにデータにすることです。例えば、「店舗」という列に、
AAA店舗、BBB店舗などのように入っていた場合、「AAA店舗」という列
を作成し、AAA店舗であれば1をそうでなければ0を入れます。カテゴリ
カル変数には、店舗などのように順序に意味を持たない「カテゴリカル変
数 名義尺度」と、売上ランクA、B、Cのように順序に意味がある「カテゴ
リカル変数 順序尺度」があります。ダミー変数の処理が必須なのは、「カ
テゴリカル変数 名義尺度」です。順序に意味がある「カテゴリカル変数
順序尺度」に関しては、A、B、Cのような文字列の場合は、1、2、3のよう
に数字に変換する作業は必須ですが、ダミー変数にするかどうかは、意見
が分かれるところです。順序尺度の変数をダミー変数にすると、順序の意
味を失ってしまう可能性があるので、ダミー変数の処理をしないのが一
般的です。

💬 カテゴリカル変数の処理

基準日	店舗名	売上
4月1日	AAA店舗	223万円
4月2日	AAA店舗	203万円
4月1日	CCC店舗	117万円
4月1日	BBB店舗	617万円
4月3日	AAA店舗	245万円
……	……	……

基準日	売上	AAA店舗	BBB店舗	CCC店舗	……
4月1日	223万円	1	0	0	
4月2日	203万円	1	0	0	
4月1日	117万円	0	0	1	
4月1日	617万円	0	1	0	
4月3日	245万円	1	0	0	
……	……	……	……	……	……

　最後が、目的変数と説明変数のセットです。ここは単純に、説明変数の
選択が考えられます。試行錯誤の中で、説明変数を増減させることは多々
あります。現場や事前のデータ分析の知見も交えながら、試行錯誤をして
いくのが良いでしょう。最終的に、あまりモデルに寄与していない説明変
数は消してしまうのも1つです。説明変数が多くなればなるほど、学習や
予測にかかる時間が長くなるので、闇雲に入れておくのはお勧めしませ
ん。何回か精度評価を行った後、整理しましょう。

ここまでで、事前加工においての説明は終わりです。事前加工は、一番ウェイトを占める部分なので多くの選択肢が存在します。何回か振り返って、何を考えるべきなのか、は整理しておくと良いでしょう。

　では、続いて、学習に関してです。モデル構築と言うとAIの本質のようなイメージを持ちますが、主に決めるべきは、どのアルゴリズムを用いるかと、そのアルゴリズムの詳細パラメータをどうするのか、のみです。まずは、大きくアルゴリズム自体を試してみて、絞り込んだあとに、各パラメータの詳細をチューニングしていくイメージです。今回のような、マーケティング系の教師あり学習の場合、王道は決定木系のアルゴリズムで、最近では、決定木の発展系であるXgBoostやLightGBMが主役です。私たちの場合は、木系アルゴリズムとして、決定木、LightGBM（もしくはXgBoost）、線形系アルゴリズムとして、ロジスティクス回帰、SVM系として、サポートベクターマシン（SVM）を、一番最初に幅広く試します。ただし、その結果、ほぼ、木系アルゴリズムになることが多いです。一方で、画像系AIなどに使用されるディープラーニングなどは、どんなアルゴリズムにするか、が重要になってくることが多く、事前加工よりも、アルゴリズムにスポットライトが当たることが多いです。ただし、どちらにおいても、試行錯誤していくのには変わりありません。

　アルゴリズムは、日進月歩で、技術はどんどん進歩していきますし、オープンソースの文化も後押しして新しい技術を使える形にして無料で提供するスピードも早くなってきています。あくまでも、アルゴリズムは、選択肢の1つなので、新しい技術を捉えて、いろいろ試行錯誤して決めていくと良いでしょう。アルゴリズムには、選択肢として、パラメータという概念があります。パラメータは、アルゴリズムの種類によって決めるものが変わってきます。例えば、決定木を考えてみます。

💬 決定木

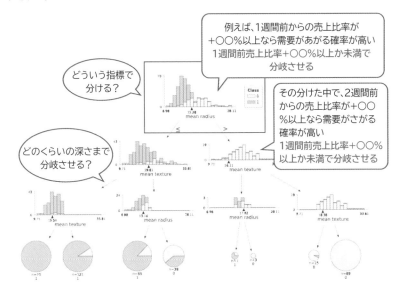

　決定木は、樹木の枝分かれのように、こういう条件であれば綺麗に分類できる、のように分岐条件を探していきます。例えば、1週間前からの売上比率が＋○○％以上なら需要があがる確率（データ数）が多い場合は、1番上の木は、1週間前の売上比率＋○○％以上か未満で分岐させます。さらに、分岐した先で、分岐を繰り返していくことになります。決定木の場合、どの変数（1週間前からの売上比率）をどの条件（＋○○％）で分けると、綺麗に目的変数（需要があがるかどうか）を分類できるかを、データの傾向から自動的に探すことを学習と言います。その際のパラメータとしては、例えば、木の分岐をどこまで深くさせるかなどが考えられます。あとで、詳細は説明しますが、木の分岐に制限を掛けないと、延々と分岐を繰り返して、過学習という現象が起きやすくなります。そこで、分岐の深さを浅くして、汎化性能を高めたりします。このように、パラメータをチューニングしていくことで最終的なモデル構築が完了します。アルゴリズムやパラメータのチューニングは、純粋に精度との関係性を見て、最も良いものを選べば良いです。そのため、最近では、AutoMLとい

うパラメータチューニングの自動化が注目されています。データさえ渡せば最も精度が高いパラメータを選択してくれるものもツールとしても出ていますので、検討すると良いでしょう。

　では、最後に評価です。評価に関しては、設計の際に評価指標を決めていますし、ここで新たに何かを考えるということはありません。個人的には、設計の際の評価指標に限定せず、代表的な指標は出力しておくと良いと考えています。そのため、よく私たちが評価結果として出力するのは次の3つです。1つは、モデルの精度サマリーで、これは、正解率、再現率、適合率、F値を一覧で出しておくものです。特に、訓練データでの精度とテストデータでの精度の2つを出しておきましょう。続いて、2つめは、モデルの重要度（寄与度）を示すものです。モデルは、学習の結果、どの変数を重要と見なしているかを出力することができます。モデルがしっかりできているのかを見るときに重要なので、出力するようにしましょう。3つ目は、データ1件あたりの予測結果です。1件あたりの予測結果を出力しておけば、どういったデータが精度が低いのかなどをあとで分析できます。そのため、私は、上記3点セットで出力することが多いです。それ以外にも、混同行列を可視化して出力しておくなどもケースバイケースで検討すると良いでしょう。

　さて、ここまでで、プログラム処理と選択肢のイメージの説明は終了です。イメージは湧きましたか。全体を簡単に振り返っておきましょう。

● プログラム処理と選択肢のイメージ

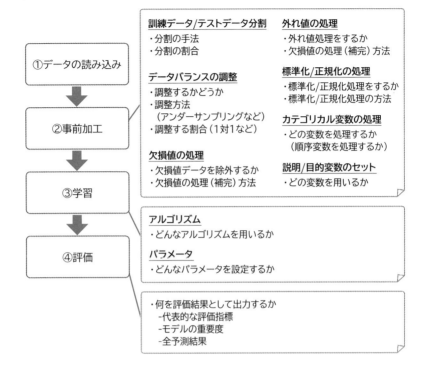

事前加工が最も選択肢が多いですね。データの分割、欠損値の処理、カテゴリカル変数の処理、説明/目的変数のセットなどのように必須で行う処理と、データバランスの調整、外れ値や標準化/正規化の処理などのように、やるかどうかから考えるものもあります。必須でやるもの以外のものは、1度精度を見てからやることも多いので、必須でやる部分の選択肢を優先的に考えていきましょう。また、アルゴリズムに関しては、ケースバイケースではありますが、まずは広く、木系、線形系アルゴリズムなどを試した上で、少しずつ絞り込んでいくイメージを持ちましょう。

では、これをもとに、実験設計を書いてみましょう。実験設計は書かなくても問題ありませんが、モデル改善をやっていく課程で、なにをやったのか、などが分かりにくくなるので、出来るだけ残しておくのが良いでしょう。私たちの場合は、Excelを使って簡単に書いておくことが多いです。

💬 実験設計のイメージ

　実験の目的は、悩んでしまう部分ではありますが、どういうことを検証したいか、をある程度書いておくと良いでしょう。例えば、今回のケースで言えば、アルゴリズムの当たりをつけることです。そのため、事前加工などの選択肢は、比較的オーソドックスなものを選んでいます。また、アルゴリズムのパラメータも初期値を使い、特に選択をしない方針を立てています。今回は、アルゴリズムを広く見ていく目的なので、決定木系から2つ、線形系アルゴリズムとしてロジスティクス回帰を選択しています。説明変数などは、多くなるので、別表で管理したり、プログラムを書く場合は、説明変数一覧を自動で出力できるようにしておくと良いでしょう。少し長くなりましたが、いよいよAIをつくってみましょう。

4▶4 需要予測AIを「つくってみる」

　AIの構築は、Pythonを使ってモデルを構築するのが一般的ですが、昨今ではプログラムを書かなくてもモデルを構築できるようなソフトも出ているので、予算と相談して購入するのも良いでしょう。ただし、Pythonでプログラムを書くにしてもscikit-learnなどのライブラリが充実しており、非常に簡単にモデルを構築できますので、是非試してみることをおすすめします。では、Pythonで構築するとどうなるのか、サンプルコードの一例を示します。

● モデル構築のサンプルプログラム

```
[14] # ①データの読み込み
     import pandas as pd
     from sklearn.tree import DecisionTreeClassifier
     import sklearn.model_selection
     data = pd.read_csv("モデル構築用データ.csv", index_col=0)

[15] # ②事前加工
     data = data.dropna() # 欠損値の除外
     data = pd.get_dummies(data) #カテゴリカル変数の処理
     X = data[tg_col] #説明変数のセット
     y = data["目的変数"] #目的変数のセット
     X_train, X_test, y_train, y_test = sklearn.model_selection.train_test_split(X,y, random_state=0) #訓練/テストデータの分割

[16] # ③学習
     model = DecisionTreeClassifier(random_state=0) #モデルの定義
     model.fit(X_train, y_train) #学習

[17] # ④評価
     print(model.score(X_train, y_train)) #正解率の表示（訓練データ）
     print(model.score(X_test, y_test)) #正解率の表示（テストデータ）
```

　いかがでしょうか。プログラムと言っても、非常に簡単に見えませんか。実は、これまで長く説明してきた処理の流れと各処理の目的が最も重要で、それさえ理解すればプログラムの中身を理解することは難しくありません。プログラムが完成したら、あとは実行するだけです。では、評価結果を見ていきましょう。私たちが良く使う評価結果の3点セットである、モデルの精度サマリー、モデルの重要度（寄与度）、データ1件あたり

の予測結果、を使っていきますが、まずは、モデルの精度サマリーの出力
結果です。

💬 **精度評価結果**

	A	B	C	D	E	F	G	H	I
1	No	モデル	データ区分	サンプルサイズ	サンプル1件数	正解率	再現率	適合率	F値
2	1	決定木	訓練	2400	1248	0.972083	0.967949	0.978138	0.973017
3	2	決定木	テスト	600	308	0.833333	0.850649	0.829114	0.839744
4	3	XgBoost	訓練	2400	1248	0.884167	0.879808	0.895595	0.887631
5	4	XgBoost	テスト	600	308	0.841667	0.873377	0.827692	0.849921
6	5	ロジスティクス回帰	訓練	2400	1248	0.800417	0.813301	0.804917	0.809087
7	6	ロジスティクス回帰	テスト	600	308	0.778333	0.795455	0.777778	0.786517
8									

　上記の図が、モデルの精度サマリーの出力イメージです。このように、
モデルごと、データ区分ごとに、ExcelやCSV等で出力できるようにして
おくと比較しやすいです。他にも見たい指標があれば、F値の横に列で出
力されるように、評価指標を追加していくと良いでしょう。データ区分の
「訓練」は、訓練データでの予測精度の評価結果で、「テスト」が、テスト
データでの評価結果になります。繰り返しになりますが、AIモデルは未
知のデータに対してしっかり予測できるかが目的なので、訓練に用いた
データではなく、あくまでもテストデータに対しての精度が重要です。し
かし、訓練データでの精度も、比較することでたくさんのことが分かるの
で、出力するようにしておきましょう。

　では、ここで、精度を考えていきます。まず、サンプルサイズとサンプ
ル1の件数、つまり需要があがった、件数を見ると、サンプルのバランス
が見えてきます。例えば、訓練データに関しては、2400件のうち、1248件
は需要があがったデータ、残りの1152件は需要がさがったデータで、お
およそ50対50のバランスとなっています。そのため、正解率を評価基準
にしても良さそうです。評価設計の際にも触れましたが、このバランスが
不均衡な場合、正解率はあまり参考にならないので、覚えておきましょ
う。
　続いて、再現率、適合率が比較的近い値を示しており、どちらかに偏っ

たモデルはなさそうですね。また、正解率が高いものは、F値も高い値を示し、連動していることがわかります。では、続いて、正解率を縦（モデル別）に見ていきましょう。まず、初めに、ロジスティクス回帰は、訓練データ、テストデータともに、80%程度であり、他の2つに比べて低いのが分かります。この場合は、非常に分かりやすい例で、精度が低い、で問題ありません。では、決定木モデルと、XgBoostを比較するとどうでしょうか。決定木は、訓練データでは97%と非常に高い値を示していますが、テストデータでは、83%程度です。一方、XgBoostでは、訓練データで88%、テストデータで84%と、あまり精度に差がありません。2つのモデルは、テストデータの精度は、ほぼ変わりないですが、訓練データの精度は決定木に軍配があがります。では、どっちが良いモデルと言えるでしょうか。それは、XgBoostです。訓練データとテストデータの精度が離れていることを、「過学習」と言います。これは、訓練データに過剰に適合してしまっており、未知のデータであるテストデータでの精度が低いモデルで、あまり良いモデルとは言えません。今回のケースでは、テストデータでの性能がほとんど同じなので、XgBoostの方が良いモデルであると言えますが、例えば、訓練データで97%、テストデータで86%のように、過学習だけど、テストデータの精度が他のモデルよりも高い場合の判断は非常に難しいです。私個人としては、過学習となっているモデルは、運用に回った際に怖いので、過学習傾向が強い場合は、過学習を解消するまでモデル改善を行います。また、どの程度、訓練データ/テストデータの精度が離れていたら過学習かどうかは、一概には言えませんが、私たちの場合、5%程度であれば許容することが多いように思います。10%離れていると、何かしらの手を打つことが多いです。

　ということで、今回の場合は、XgBoostのモデルが最も良いですし、あまり過学習になっていないので、XgBoostを中心にパラメータチューニングなどを進めていくのが良いでしょう。ただ、現時点で、XgBoostに決めつけずに、木系アルゴリズムを中心にもう少し検討を進めていくのも良いでしょう。例えば、過学習傾向であった決定木でも、最大の木の深さを

指定することで、より簡素なモデルになります。過学習傾向というのは、モデルが複雑すぎて、学習データに適合しているケースが多いので、モデルを簡素化することで改善することが多いです。ただし、例えば、訓練データ／テストデータの精度が97%/83%だったモデルを簡素化し、木の深さを浅くしていくことで、90%/82%のように、差は小さくなるが、テストデータの精度が上がらないことも多々あるので注意しましょう。

　少し脱線しますが、過学習の場合は、データ数を増やす、説明変数を減らす、モデルを簡素化する、が基本的な対処法で、説明変数を減らすのも、ある意味AIモデルへのインプット量を減らし、なるべく簡素なモデルを作る方向です。一方で、データ数が増えれば、複雑なモデルでも過学習傾向にはなりにくくなるので覚えておきましょう。

　今回は、モデルの2ndTryは行いませんが、もし行う場合は、実験設計のシートを追加して、モデルの改善を行っていくと良いでしょう。精度改善に終わりはないのと、モデル構築を終わりにする際の精度基準はケースバイケースではありますが、こういったマーケティング系のデータの予測の場合、80%台中盤から後半であれば、十分運用に回せると判断することが多いです。もし、今回の精度結果だった場合、私なら、木系アルゴリズムを中心に、LightGBM等のアルゴリズムを試すのと、パラメータのチューニングをもう一度行うかと思います。

　もし、今回のように、そこそこに良いモデルができたな、と思ったら、もう少し詳細を見ていくことが多いです。そのための評価結果の3点セットです。そもそも、モデルの精度サマリーでの精度評価結果がダメだった場合は、あまり突っ込んで分析するよりも、2ndTryに向かうのが良いでしょう。では次は、モデルの寄与度です。

● モデルの寄与度

	A	B
1	説明変数	寄与度
2	1週間前の売上変化率	201
3	2週間前の売上変化率	102
4	4週間前の売上変化率	56
5	1週間前の売上	3
6	2週間前の売上	2
7	4週間前の売上	0
8	天気予報_気温	158
9	天気予報_晴れ	40
10	天気予報_湿度	0
11	天気予報_雨	45

　モデルの寄与度は、納得感のある変数が選ばれているかを見ていきます。モデルの寄与度は、モデルごとに何を重要視しているモデルなのかがわかります。例えば、次図の例だと、売上変化率、特に直近の変化が需要に効いていることがわかります。それ以外にも、気温が寄与しています。逆に湿度などはあまり寄与していないことがわかります。先ほどの精度のように、数字できっちりと判断をするようなものではないです。しかし、2つの側面があると思っています。1つ目は、モデルの納得感を得ることです。このAIモデルは、「1週間前の売上が高いと需要があがる」のように人が見ているような基準（変数）をちゃんと見ているんだな、とわかることで、安心感が出てきます。人が使う以上は、安心感は非常にポイントになるので覚えておきましょう。もう1点は、入れてはいけない変数をいれていないかの確認です。もし、仮に、精度が高すぎる数字が出た場合、説明変数の中に、目的変数と直接的な関係があるようなものが入っていないか疑います。例えば、1週間後の需要があがるかどうかの予測に、「1週間後の利益」のような変数が入っていると問題ですね。このように、使ってはいけないデータを使うような現象をデータリークと言います。その場合、極端にその変数の寄与度が高くなる場合が多いので、この時点で気付くことができます。

　では、3点セットの最後、データ1件あたりの予測結果を示します。

モデルの予測結果詳細

	A	B	C	D	E	F	G	H	I	J
1	No	基準日	製品カテゴリ	店舗名	モデル	データ区分	実際	予測	Score	
2	1	2022/4/1	酒類	AAA店	決定木	訓練	1	1	0.87	
3	2	2022/4/2	酒類	AAA店	決定木	学習	1	0	0.43	
4	3	2022/4/3	酒類	AAA店	決定木	訓練	0	0	0.21	
5	4	2022/4/1	酒類	BBB店	決定木	訓練	1	1	0.65	
6					・・・・・・・・・・・・・・・・・					
7	3001	2022/4/1	酒類	AAA店	XgBoost	訓練	1	1	0.97	
8	3002	2022/4/2	酒類	AAA店	XgBoost	学習	1	0	0.33	
9	3003	2022/4/3	酒類	AAA店	XgBoost	訓練	0	0	0.11	
10	3004	2022/4/1	酒類	BBB店	XgBoost	訓練	1	1	0.68	
11					・・・・・・・・・・・・・・・・・					

　これがデータ1件あたりの予測結果です。データ1件あたりなので、今回のケースでは、基準日、製品カテゴリ、店舗名、でユニークになりますね。このように、実際、予測の横にScoreをいう値を出力しています。AIモデルを作った場合、0か1かだけではなく、1だと思う確率を出力することができます。この1だと思う確率は、0～1の範囲を取り、0.5以上であれば1を0.5未満であれば0が予測の値に入ります。この0.5という閾値は変えることができますが、一般的な評価では0.5としていることが多いです。これを、少し変えて可視化して見ると、AIモデルの傾向が見えてきます。

スコアと実際割合の関係

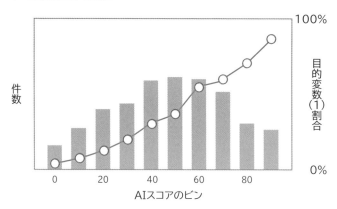

スコアを0.1台、0.2台のように0〜1の範囲を10等分します。その際の
サンプル件数を集計し、0と1の比率、つまり、0.1台とAIが予測したスコ
アだった場合に、実際に需要があがった1と需要がさがった0の割合にな
ります。0.1台だと、AI的には需要がさがると予測しているので、0の比
率が多く、1のデータ件数は少なくなっているはずです。スコアが高くな
ればなるほど、1の割合が高くなっていけば、AIモデルとしてはある程度
信頼できるものができているでしょう。これを見ると、業務での運用で使
用する際のイメージも作れます。例えば、単純に需要があがった、さがっ
たの2つを出すのではなく、スコアを見せることで、例えば、0.4〜0.6の
場合は信憑性が低いから自分の考えを重視し、0.4未満や、0.6以上は、あ
る程度AIスコアを信じよう、などの運用を想定するのも一つです。また、
もし仮に、このスコアと1週間後の売上に関係性があると、さらに一歩進
んだ使い方も可能で、AIスコアが0〜0.2までは大幅にさがる、0.2〜0.4ま
ではさがる、0.4〜0.6までは横ばい、のように、分けることも可能になり
ますので見ておくと良いでしょう。

　もし、AIスコアが高くなるにつれて、1週間後の売上が、増加していく
傾向が見えてくれば、関係性があると見ることができるでしょう。箱ひげ
図などを活用して可視化してみると良いでしょう。

💬**AIスコアと売上の関係イメージ**

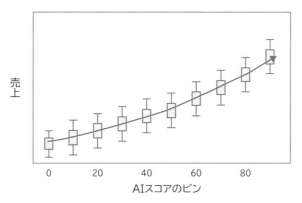

今回は、この関係性があった場合を想定し、AIモデルを使っていきましょう。AIの場合は、精度が読めないことから、試行錯誤が必要です。何度も実験して、考察して、再度実験してのプロセスをしっかり回していきましょう。

　さて、ここまでで、やっと「つくってみる」は終わりです。AIモデルの説明もあって、長くなってしまいましたが、重要なポイントを押さえて説明してきました。何度か振り返って、AIを「つくってみる」のイメージを捉えておくと良いでしょう。

　では、続いて、このAIモデルを実際の現場で「あててみる」という段階に進めていきます。

4▶5 需要予測AIを「あててみる」

　今回は、店舗の発注担当者をターゲットとして、1週間後の需要が今よりも「あがる」「さがる」の予測モデルを作ってきました。では、それを実際に店舗の発注担当者にあてていきます。AIモデルでは、試行導入や、実地検証などとも言います。

💬「あててみる」

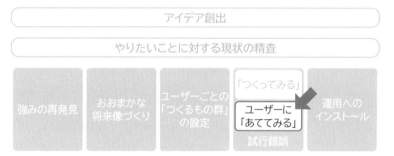

　さっそく、あてにいくのですが、「あててみる」ための準備が少しだけ必要となります。それは、「あててみる」の設計と、「あててみる」ためのAIモデルの実装です。それは、AIモデル構築の流れでいうところの、検証向け実装と検証にあたります。検証向けの実装は、「つくってみる」になりますが、「あててみる」ための設計をした後に作ります。

検証向け実装と検証

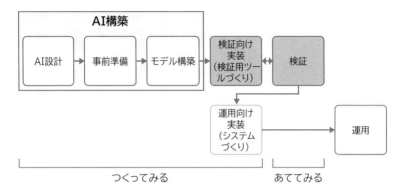

　では、まず、「あててみる」の設計を考えていきましょう。これは、3章であててみた際に考えたヒアリングの目的などと同じです。ただし今回の場合、試用してもらうので、試用の期間や、対象者、頻度などを考える必要が出てきます。これは、3章のプロジェクトにおいて、可視化ダッシュボードを試用してもらう場合も同じようなことを考える必要があるので覚えておきましょう。では、考えていきます。

検証のための試用の設計

試用設計

目的
需要予測AIモデルが現場で活用できるかの検証を行う
主に、業務観点での情報として足りているか、精度が十分か、を検証する

期間
2022年5月1日〜5月15日
日次で試用

対象者
AAA店舗、DDD店舗の発注担当者

提供形式
Excelのデータ形式
メールでAM中に送付

評価項目
定性
・AIの精度
・AIスコアの利用頻度

定量
・精度の所感
・使い勝手
　（表現方法含む）

まずは、今回の目的ですが、現場で活用できるかの検証を行うことに設定しています。最終的な目標は、発注業務が効率的にできるかどうか、ですが、まずは使える情報でないと意味がありません。そのため、まずは、現場で使えそうかを検証していきます。特に、業務で使う際に情報として足りているのか、精度が十分なのか、などを見ていきます。

期間は、5月1日から15日までの半月で実施します。これは、作業頻度などにもよるのですが、長すぎると、現場の負担になったり、フィードバックをもらうまでの期間が長くなってしまうので、短い試用を何回か行うのが良いでしょう。今回は、日次で毎日使ってもらうので、2週間程度と、クイックに試用を行います。

続いて、対象者ですが、システムを組むわけではないので、全店舗に展開すると、試用が大変になります。そのため、対象者を絞ることが多いです。例えば、あらかじめデータ分析しておいて、発注ロスが少なく需要予測が比較的上手くできている店舗と、出来ていない店舗などのように抽出したりするのが理想的です。ただし、あくまでも人が使うので、協力してくれそうな人がいる店舗でやる、というのも非常に重要です。どうしても現場のスタッフからすると、非日常のものがくるので、嫌がる人も多くいます。AI使ってみたい人を聞いてみたり、一緒に働いていた同僚がやっているような現場を選んでも問題ありません。

提供形式は、今回、Excelのデータ形式に設定しました。AIモデルは、あくまでも、データを作り出すものです。今回の場合、需要があがる、さがるが予測結果として、作成されます。また、あがる、さがるだけではなく、スコアという形で示すこともできますね。今回は、需要の変化とスコアが相関しているので、スコアを出すのが良いでしょう。では、どういった形式で提供するのかを考えてみましょう。ケースバイケースではありますが、主に、Excelなどのスプレッドシートデータ、TableauなどのBIツールで可視化、システムに実装するなどがあります。ここで最も注意しなくてはならないのは、作りこみすぎない、ことです。そのため、システムへの実装は、この段階ではなるべく避けましょう。Excelで良ければ

Excelを選ぶのが最も簡単です。ただし、データが数百件に及ぶケースなどは、グラフなどが必要なケースも出てきます。できるだけ実装に時間がかからないものを選ぶ一方で、データが多すぎるなどの場合などはひと手間工夫をしましょう。

　さて、最後に検証のための試用における評価に関してです。評価は、主に数字で把握できる定量的なものと、感覚などの定性的な評価に分かれます。定量的な数字だけでなく、アンケートやヒアリングなどで、定性的な感覚をしっかり押さえておきましょう。定量的な数字としては、AIスコアを利用した頻度（回数）、AIの精度などがあります。AIの精度は、実際に売上があがったのかや、在庫切れがなかったかの結果があとでわかるので、集計可能です。一方、AIスコアを利用して発注したのか、はシステム実装していない場合は、ログとして取得できないので、面倒でも現場のスタッフに協力してもらいデータを残してもらうのが良いでしょう。例えば、最初の方は利用していたけど、だんだん利用頻度が下がった場合は、その理由をヒアリングすることができます。一方、定性評価においては、今回のAIモデルが自分の感覚と合っていたのかなどをヒアリングしておくと良いでしょう。また、今回のケースでは、ただのデータとして渡しますが、どのような情報ならわかりやすいかを合わせて評価しておくと良いでしょう。

　試用設計が終わったら、検証用ツールの作成です。今回は、シンプルにExcelデータとして出力するだけなので、非常にシンプルな流れになります。例えば、プログラムの流れは次のようなイメージになります。

検証に向けたAIプログラムフロー

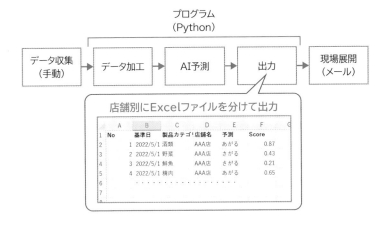

　今回は、データ収集は手動で行います。場合によっては、自動化しても良いですが、そこの開発工数が多くかかるようなら、2週間だけは、手動でも問題ありません。ただし、データを集めるのに半日以上かかるような場合は、自動化を検討しましょう。データ加工から出力までは、Pythonなどのプログラムを作成しておきましょう。データ加工は、AIモデル構築時のものを転用しつつも、今回は過去のデータではなく、これから来るデータなので、1週間後の売上などの目的変数は存在しません。そのため、一部修正が必要になります。また、AI予測に関しては、今回は学習しないので、訓練データとテストデータの分割や学習させるプログラムも必要ありません。その代わり、モデル構築時に保存しておいた学習済みモデルを読み込んで、予測のみ行います。学習済みモデルというとどういったものか想像しにくいかもしれませんが、ただのファイルです。モデル構築の際に、学習した際のモデルのパラメータ条件などを保持してファイルとして保存しておき、それを読み込んで予測だけ行います。いずれにせよ、軽微な修正ではあるので、あまり時間はかからないと思います。この部分の開発をしている間に、試用に協力してくれる店舗の選定や、協力依頼をしておきましょう。もし、サブチームでデータ分析をしているメンバーが居たら、巻き込んでどこをターゲットにするか相談してみても良いでしょう。

では、時を進めて、実際に試用した結果を整理していきましょう。AIの精度は、これまでと同じように評価できますね。詳細で言えば、下記のようなデータが出来上がるので、評価していくのが良いでしょう。

● 試用の精度結果

	A	B	C	D	E	F	G
1	No	基準日	製品カテゴリ	店舗名	予測	Score	結果
2	1	2022/5/1	酒類	AAA店	あがる	0.87	28%増加
3	2	2022/5/1	野菜	AAA店	さがる	0.43	5%増加
4	3	2022/5/1	鮮魚	AAA店	さがる	0.21	12%減少
5	4	2022/5/1	精肉	AAA店	あがる	0.65	20%増加
6			・・・・・・・・・・・・・・				
7							

　結果という列が追加されています。売上が増加したかどうかなので、単純にあがった、さがっただけではなく、何%あがったのかどうかなども記載するなど、情報はできるだけあった方が評価の幅が広がります。こういったデータがあれば、正解率やF値なども評価可能なので、代表的な指標を押さえておきましょう。その際に見るべきは、AIモデル構築の訓練データ、テストデータの精度を比較して著しく低くないか、を見る必要があります。重要なことなので何度もお伝えしますが、AIモデルはあくまでも未知のデータを予測する際の精度が重要です。そのため、最も大事なのは、今回のような試用した際の精度です。大きく下がっているようであれば、原因を特定し、再度、モデル構築「つくってみる」に戻りましょう。また、精度の時系列変化も押さえておくと良いでしょう。AIは、学習に用いたデータがすべてです。もし、学習データが古くなると、AIの精度がどんどん下がっていきます。今回は2週間なので、あまり精度の低下は見えない可能性が高いですが、もし、下がるようだったら、データを更新して再度学習する（再学習）の頻度を検討する必要があるので覚えておきましょう。

　では、続いてヒアリングを実施します。

188

💬 試用結果のヒアリング

ヒアリングメモ

- 思ったよりも自分の感覚にあっててびっくりした
- 少し野菜の予測があわない印象はある
- スコアを見ただけだと、どのくらいの発注量にすればいいかが、すぐ結びつかない
- スコアと適切な発注量とかのグラフがあるといいかも
- データの羅列だと、特定のカテゴリ探すの大変だよね
- 製品カテゴリまではOKだけど、具体的にこういう製品がおすすめとかあるともっといいな
- AIが何をもって予測しているかわからないから鵜呑みにはしにくい

なんとなく、精度は比較的良さそうな印象ですが、野菜のみは改善が必要な可能性がありますね。ここで出てきた意見は、データ分析することで確認しておきましょう。先入観もあったりするので、実際に野菜の精度が低かったのかを必ずデータで確認しましょう。改善点としては、可視化の部分とAI予測の根拠についての意見が出ていますね。可視化の部分は、受け止めた上で、実際の運用に向けた実装の際の参考にしましょう。また、AI予測の根拠は、現場にあてると、非常に良くでてくる要素です。最近では、AIに説明可能性が求められています。この分野も非常に発展してきており、SHAP値と呼ばれるものを合わせて算出し、可視化することで、ある程度の予測根拠を出すことができますので、実装を検討しても良いでしょう。それ以外の意見では、具体的なおすすめ製品のレコメンドのような新しいアイデアも出てきています。このように「つくってあててみる」ことで、現場から新しい課題やアイデアが出てくることがあるので、一度持ち帰り、つくるもの群の1つのタネとしてチームに共有していくと良いでしょう。

● ここまで取り組んできた流れ

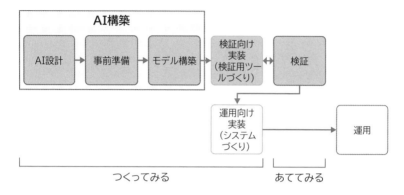

　さて、これまで「つくってみる」と「あててみる」ために、AI構築とその検証を行なってきましたが、次はどこに向かいましょう。正解はありませんが、地図を眺めるといくつかの選択肢が見えてきます。もし精度が不十分であると思うのであれば、再度精度を改善するために「つくってみる」もあります。概ね好印象であれば、このまま、この全店舗に展開していく「運用へのインストール」へ進むという判断もあります。また、可視化の部分を改善するという目的で「つくってみる」へ進むこともできます。おそらく、サブチームだけでは判断しかねる部分なので、このような要所要所では、チームメンバー全員で判断していくのが良いでしょう。

● サブチームＡの次の選択肢

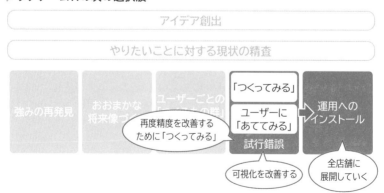

　ここまで、サブチームAの取り組み、需要予測AIの部分を説明してきました。AIの説明もあって、少し長くなってしまいましたが、なるべく押さえてほしいポイントを説明したので、何度か読み返してみてください。この部分をマスタすれば、AIモデル構築プロジェクトは怖くありません。

　では、少し時を戻して、今回の取り組みと並行して実施しているサブチームBの画像認識AIを使った導線分析を見ていきましょう。

4

ケーススタディ② 複数の取り組みたいテーマをチームで進めていくプロジェクト

4▶6 画像認識AIを使った導線分析を「つくってみる」「あててみる」

　では、続いてサブチームBの取り組みテーマである、画像認識AIを使った導線分析に関してです。これまでのAIモデル構築の流れを体験してきた皆さんならもうお分かりかと思いますが、AIはデータを作る機能です。今回のケースで言うと、画像認識AIを使って、人の動きデータを作成し、それを分析することが目的になります。つまり、本来であれば、導線分析側が目的なのです。AIプロジェクトを聞いていると、AIを使うことが目的になっており、本来の目的を見失っているケースがありますので注意しましょう。さて、まずは、「つくってみる」ための設計からです。

💬 サブチームBの「つくってみる」

今回のプロジェクトは、分析プロジェクトなのか、AIプロジェクトなのか、はたまた可視化プロジェクトなのか判断に迷う部分です。ぶっちゃけて言うと、現場では、このように、なんのプロジェクトなのか迷う時があります。考えてみると、それは当然で、AIやデータ分析が目的ではないため、複合的に課題を解決する必要があるからです。あまり、名前は意識せずに、考えるべきはまず目的です。ここまで読んできた読者の皆さんはお分かりかと思いますが、考えながら設計書は足していきましょう。

🗨 画像認識AIを用いた導線分析の設計

分析/AI設計

目的
画像認識AIを用いて人の導線を可視化し、棚や商品配置の検討に活用する

ターゲット
配置担当者

想定用途
配置担当者が棚配置の際に、
人の導線データを参考にしつつ、
商品や棚配置を検討する

想定頻度
・適宜
（使用するとすると夜）

評価方法
・棚配置変更による売上増加

今回の目的は、画像認識AIを用いて導線を把握し、配置担当者の役に立つことです。少し高い視座で言うと、こういったデータに基づいた戦略を推し進めていくと、店舗ごとに能力的なバラツキが減っていくことも期待できます。

実は、画像認識AIを用いて導線を把握するという部分には1つ抜けている判断が存在しています。それは、なぜ画像認識を使うのか？です。アイデアを尊重し、ここまで画像を活用するということを変えずに来ましたが、導線を把握するためには、画像以外の選択肢もあるかもしれません。例えば、買い物カートにセンサーを付けて、導線を把握することも可

能でしょう。そうすると、全員ではないにしろ、カートを持っている人だけであれば、人の流れを把握することができます。つまり、無意識に画像を使うという選択肢を選んでいるわけです。アイデアが出た時点で、整理しても良いですが、今回のように設計の段階で導線を把握するという目的に立ち返って、他の技術の選択肢を考えても良いでしょう。立ち戻ることは悪いわけではないのです。

　少し各論になりますが、今回のケースのような場合、IoTの話が出てくることが多く、画像で把握するのと、センサーを使うのとどっちが良いかの議論になることは多いです。これは一長一短で、画像を使った方が、カメラを置くだけで良いので初期コストが比較的安く済みます。一方で、AIにおいて100％の精度は存在しないので、IoTセンサーでデータを取るよりもデータの信頼度が下がります。これは、間違いを許容できるのか、で考えていくのが1つの考え方です。今回のケースのように、この通路の人数を正確に把握したいのではなく、なんとなくどこの通路に人が多いのかを把握したい場合は、間違えたとしても、あまり大きな問題にはなりません。カートにセンサーを1台1台つけるのは、コストがかかるので、導線を把握することの有効性を証明してから、IoTセンサーの導線を検討したりするのが良いでしょう。または、導線の把握以外の目的として、そもそもカート自体に買い物の案内機能を付けて、ユーザーの買い物を楽にする、のようなアイデアがあった場合は、データの取得を視野に入れるのは良いでしょう。今回は、このまま画像認識AIを用いることにしていきます。

　その他の設計項目に関しては、これまで考えてきたことなので、繰り返して説明はしませんが、評価の部分に関して、売上増加だと少し目標が壮大だと感じる場合は、今回可視化した技術の現場での利用回数などを評価のサブ項目として入れても良いでしょう。また、可視化プロジェクトでもあるので、可視化の切り口は追加しても問題ありません。ただ、3章の時と違い、棚や商品配置に特化しているので、データの種類が少なく、考える幅があまりありませんので、深追いしなくても良いでしょう。

では、ここから、画像認識AIについて考えていきます。前回のAI設計の時で言う、AI設計の詳細部分となります。

💬 AIの詳細な設計

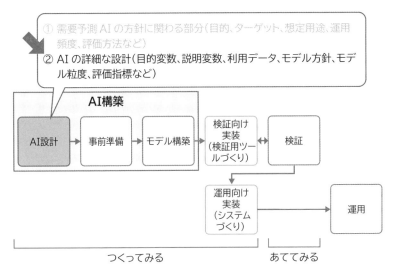

その前に、画像認識AIと先ほどまで需要予測AIで考えていたAIモデルの違いについて考えてみます。まず、画像認識AIも、需要予測AIと同様に、機械学習のひとつです。特に、画像や言語などでは、ディープラーニングという技術が活躍しています。ディープラーニングという言葉は、耳にしたことがあるのではないでしょうか。ディープラーニングは、最近のAIブームの火付け役で、特に画像の分野で注目を浴びました。しかし、あくまでもディープラーニングも機械学習のひとつです。例えば、写真に写っている対象が、犬なのか猫なのかを予測する場合は、サブチームAでの需要予測AIと同じ教師あり学習の分類問題です。説明変数は、1つの写真データにおけるRGB情報(0〜255)で、目的変数は、犬なのか、猫なのかの2クラス分類です。そのため、当然流れは同じになりますが、画像系や言語系の場合、世の中に学習済みモデルが多く存在し、モデル構築をしなくても使えることがほとんどです。その理由としては、「人」を検知し

たい、や「猫」を検知したいなどの問題は、決して特殊なものではなく世界共通だからです。先ほどの自社の需要予測AIでは、自社のデータを使いましたが、人を検知したい場合、よっぽど特殊な人が来店するお店ではない限り、一般的な人検出で問題ありません。その場合、1から自分たちでモデルを作るよりも、まずはオープンソースのコードや、学習済みモデルを探してみるのが良いでしょう。場合によっては、独自データでの学習のみ実施し、自分たちの検出したいものにチューニングすることはあります。それでも、需要予測AIのように1からモデルを作る必要はなく、簡単に独自データでの学習が可能なほど、技術が民主化していますので、覚えておきましょう。

💬 画像AIを作成する流れ

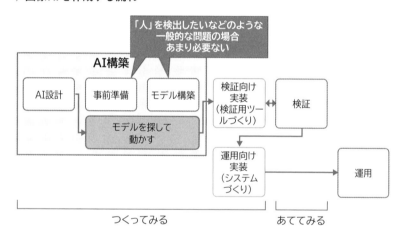

さて、上記の流れを頭に入れながらAI設計の詳細に入っていきましょう。

● **画像AIの設計**

AI設計

検知対象

買い物客（人）の位置を検知する

使用技術	処理時間	データ量
物体検知	前日の6時間データを 9時から21時までに完了させる （リアルタイム性なし）	・カメラ3台分のデータ ・タイムラプスは未検討

アルゴリズム	PCスペック
・YOLO v5 ・SSD	・PC3台まではOK ・GPUあり

　画像認識AIという名前で説明してきましたが、画像認識というのは、本来画像の中に何が写っているかを予測する問題です。今回のケースの場合、どこに何が写っているか、という物体検知技術を使うことになります。ただ、物体検知なども含めた画像系のAI全般のことを画像認識AIなどということもあり、どちらかというと、そのように把握している人の方が多い気がします。しかし、厳密には、物体検知技術なので、詳細設計ではしっかりと物体検知と書いておきます。

　また、ある程度、処理時間の目安やPCのスペック、データ量などは押さえておきましょう。動画データは油断すると非常に重いデータになりますので、タイムラプスのように間引いて保存しておくのも1つですが、データを間引きしすぎると情報が落ちるので、注意が必要です。要求される処理時間が、6時間のデータを12時間で処理するので、少し余裕があります。そのため、リアルタイム性は必要ありませんが、動画データは、1秒間に静止画が30枚（30fps）など存在しているので、1枚に1秒かかっていると、到底終わりませんので、ある程度は処理速度の速いアルゴリズムを選択しておくのが重要です。また、画像系などの場合、PCスペックも重要で、特にGPUがあるかないかで処理速度が大きく異なるので注意しましょう。もし、現実的に終わらないようであれば、タイムラプスを検

討しましょう。このように、需要予測AIとは、考える項目が大きく違います。需要予測AIも本来であれば、PC等のスペックは押さえておくべきですが、画像系AIの場合は、致命傷になりかねないくらいスペックや処理時間の要件が重要になりますので、早い段階で想定はしておくと良いです。もちろん、後になって変更しても大丈夫です。

　では、実際につくってみましょう。今回は、実際のコードは掲載しませんが、基本的には、需要予測AIと同様の流れで、データをインプットして、加工したあとに、学習済みモデルを使って予測した結果を出力します。AIは、データを作成するものなので、物体検知によって、どのようなデータが作成されるのかを説明していきます。

💬 物体検知で出力されるデータイメージ

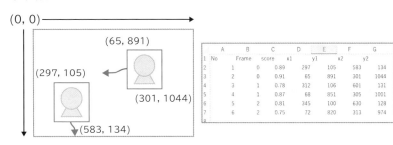

　物体検知は、検知対象が写真のどこに写っているかを返す技術です。図のように、人がいた場合に、その座標を返してくれます。座標は、左上が0,0であることが多く、右下に向かうほど、大きな値を取ることが多いです。また、1ピクセルが1データになっているため、写真のピクセル数と座標の最大値（右下座標の値）が一致します。出力形式も、アルゴリズムによって違いはありますが、人を長方形で囲んだ時の左上と右下などを得ることができます。さらに、需要予測AIの時と同じように、確率も出せるので、AIが人だと予測した確からしさ（0〜1の間の値）がそれぞれ取得できます。また、動画は、静止画の集まりなので、時系列でどんどん処理をしていきます。そのため、Frame列に0、1のように増えていきます。こ

れは、フレームレートと呼ばれるものと関係があり、例えば、1秒間に30フレームであれば、1フレームは、1/30秒になります。出力結果のサンプルを見てみると、例えば、x1,y1が(297,105)にいた人は、なんとなく、各フレームの上の行の人で、(297,105)、(312,106)、(345, 100)のように移動している、つまり下の方向に少しずつ移動していると考えられます。逆に、x1,y1が(65,891)にいた人は、左方向に移動していると考えられます。このように、ある程度は人の特定はできますが、物体検知だけでは、人の追跡まではできない点を覚えておきましょう。今回は、このまま進めていきますが、実際に人の追跡をしたい場合は、物体検知に追跡アルゴリズムを加えることで可能となります。データの出力イメージは、AI設計時に詰めておいても良いでしょう。繰り返しになりますが、画像系などのAIに関しては、システム開発をする際の1機能にすぎません。システム開発の場合、Input、Process、Outputを整理しますが、今回のケースでは、Inputは画像（動画）、Processは人検知、Outputは上記で示したCSVデータなどになります。また、Process部分は何のアルゴリズムを使うかによって、若干精度が変わってきますので、アルゴリズムの違いによる精度の比較をしても良いでしょう。その場合は、需要予測AIのように、評価指標などを決めてから進めていきましょう。アルゴリズムは、日進月歩ですので、時々、アルゴリズムの見直しをしても良いでしょう。ただし、アルゴリズムが違ってもあくまでも人を検知する、という機能は変わらないので、Input、Process、Outputが変わるようなことはほぼないでしょう。そのため、システムとして組み上げた後でも、AIの差し替えは可能ですし、そういったAIモデルのアップデートに対応できる柔軟なシステム開発がポイントとなるので、頭に入れておきましょう。

　では、ここまでできたら、データを取得し、このAIに読み込ませてデータを出力し、可視化していきます。データの取得は、すでにカメラを設置している場合は、そのデータをもらえば良いでしょう。新たに設置する場合は、AIを作る前にデータ取得用のカメラを設置しておけば、工程のロスが少なくて済みます。その際には、配置担当者と相談して、なるべく見たい売り場の全体が撮影でき、人が何かの陰になりにくいところを選び

ましょう。AIは、今写っているものからしか判断できないので、人が陰に隠れてしまったら絶対に検知できません。また、需要予測AIの時と同じですが、実験を行う店舗の選定も重要です。データ分析で売上規模などで選定するという視点だけではなく、取り組みに興味があるところをピックアップするのも重要です。

　では、AIの結果を可視化してみましょう。今回は、追跡アルゴリズムは入れていないので、下記のようなイメージのものを見ていくと良いのではないでしょうか。

💬 **予測結果の可視化イメージ**

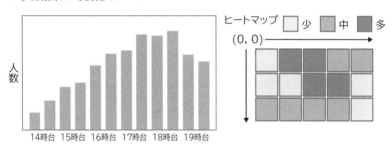

　少し3章のケーススタディで扱った分析の部分を思い出してもらえると良いのですが、左のグラフは、切り口として「時間帯」、指標として「人数」を入れたもの、つまりレイヤー2です。ここでは、示しませんでしたが、レイヤー1として、「人数」だけに注目したヒストグラムなどを可視化したり、レイヤー3として、「曜日」×「時間帯」×「人数」のように深堀していくのも良いでしょう。右のグラフは、こういった物体検知AIなどの場合に可視化することがあるグラフですが、せっかく位置座標が分かっているので、全体のどこに人が分布しているのかを可視化しておくと、どこに人が滞留しているのかが分かります。このヒートマップは、フィルタなどを用意して、例えば、「時間帯」や「曜日」別に見ていくとさらに突っ込んだ分析ができます。

　このあとは、これらのグラフをもとに、現場に「あててみる」なので、

ユーザーとなる店舗の配置担当者にグラフなどの結果を持ってヒアリングしてみましょう。

💬「あててみる」

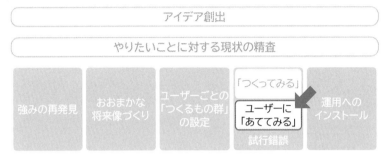

ここからの流れは基本的には、3章のケーススタディと同じです。上記のようなグラフに加えて、アジェンダを準備して持っていくのが良いでしょう。実際に、話を聞いたところ、下記のようなヒアリング結果が得られました。

💬 ヒアリングメモ

> **ヒアリングメモ**
>
> ・面白い!どこに滞留しているかがわかるから参考になる
>
> ・もう少し時間帯は広く見ていきたい
>
> ・人がどっちに向かっているかもわかると良いかも
>
> ・ぶっちゃけカメラの設置場所は難しい。陰になってしまうところが多い。
>
> ・広く見るよりも、新製品棚とかイベント棚に設置して、その効果を見る方が使えるかも
>
> ・導線は分かるけど、どういう風に改善すればいいかが悩みどころ

非常に面白いという意見はいただきつつも、改善点がたくさん挙がってきています。このままでは、少し厳しそうですね。時間帯の件は、データが取れれば、あとは処理速度を見ながら、少しデータを間引いていけば

クリアできそうです。また、どっちに向かっているかは、追跡アルゴリズムがあれば、どちらの方向に向かっているかはわかります。また、単純に方向だけであれば、オプティカルフローという技術でも解決はできます。

　一方、難しいのは、カメラの設置場所ですね。棚が多く、取れる範囲が限られてしまいます。ある程度は事前に想定できるとは思いますが、実際に「つくってあててみる」を行った結果、課題が見えてくることは多々あります。その際には、目的も考えながら少し整理が必要です。カメラの観点から、むしろ、イベント棚や新製品の棚への設置のアイデアが出てきています。

　では、サブチームBは、次はどこに向かいましょう。需要予測AIの時と繰り返しになりますが、地図を眺めるといくつかの選択肢が見えてきます。今回「あててみた」店舗は売り場面積が狭かったので、再度、少し広めの店舗を選定し、その店舗向けに「あててみる」のも1つです。一方で、カメラの設置が難しいので、そもそもテーマ自体を中止するのも英断の1つでしょう。これは、失敗ではありません。知見が溜まったので、必ず次に活きてきます。また、現場で出てきた、新製品やイベント棚への設置に目的を変更し、「つくってみる」「あててみる」を仕切り直してみても良いでしょう。これも、需要予測AIの時と同様にサブチームだけでは判断しかねる部分なので、チームメンバー全員で判断していきましょう。

💬 サブチームBの次の選択肢

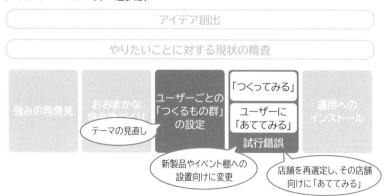

4▶7 「つくるもの群」の全体を整理し直して、向かうべき方向を考える

さて、各サブチームの取り組みが回ってきたところで、振り返る時がやってきます。今回は、「需要予測AI」「画像AIによる導線分析」「売上データ分析」の3つの取り組みをサブチームでやってきました。サブチームAが需要予測AIを、サブチームBが画像AIを用いた導線分析を行い、本書では説明しませんでしたが、サブチームCが3章のように店舗の支援として、データ分析と可視化を着実にこなしてきています。実際には、これらの取り組みは定例化し、今、地図のどの部分をやっているのか、を定期的にチーム全体で把握することになります。そうすることで、サブチームの取り組みを横通しで把握することができ、今、自分たちのチームとして、全体を見直す時がきた、というのに気づくことができます。では、一度、各テーマの状況をまとめてみましょう。

まず、サブチームAの需要予測AIは、若干の可視化部分に課題は残るものの、ある程度の精度や有効性が確認できています。そのため、このまま全店舗に展開していく「運用へのインストール」へ進むのか、可視化を改善するという目的で「つくってみる」のか、です。サブチームBの画像AIによる動線分析は、見たいものは見れている印象ではありますが、カメラの設置場所に引っかかり、運用にこのまま持っていくのは厳しい状況です。技術を活かして新製品に特化した導線分析にするのか、それとも店舗を変えて「あててみる」のか、はたまたテーマ自体をストップするのか、になってきます。サブチームCの売上データ分析は、本章では触れませんでしたが、3章のケーススタディと同じように、データをもとに多くの店舗との信頼関係を着実に構築しています。つまり、「つくってみる」「あててみる」を繰り返している状態です。

では、これらをもとに少し、全員で整理してみましょう。以前検討した将来像を振り返ってみます。

💬 将来像

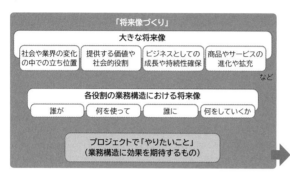

私たちのチームは、自社の店舗運営業務の支援を行いつつ、大きな将来像として、この知見やデジタル技術を活かしたサービスを他の施設運営などに外販できないかまで見据えていましたね。そこで、今回出てきた課題やアイデアを外販する視点で線を結んでいきましょう。例えば、サブチームAの需要予測AIは、独自データが必要なものの、どういった変数を使えばある程度の精度が出るかが分かっています。つまり、外販においても、初期導入時に、データをもらって学習させることで、需要予測AIができるということが提案できそうですね。そのモデル作りにノウハウが詰まっているわけです。一方で、需要予測AIの「あててみる」のときにおこなったヒアリングの中で、どんな製品を売れば良いかまでは分からない、という課題も挙がっていました。これは、サブチームBのカメラによる物体検知技術を使用して、新製品を取り入れた棚に設置し、効果をデータ化できるようにしてみるのはどうでしょうか。そうすることで、どんな製品を選択していけば良いかを試行錯誤によって見極めていけます。その結果、どんな製品が良さそうかのあたりがつき、発注時にも役に立つと考えられます。さらに、これを推し進めていく上で、サブチームCのデータ分析チームの役割が重要になってきます。重要予測AIや、画像AIを活

用した分析の可視化を「つくってみる」「あててみる」は、サブチームCに
担ってもらい、可視化の改善を行っていく体制を考えていきましょう。

　徐々に全体が見えてきました、つまり、外販向けにプロジェクトを進め
ていくサブチームAと、データ分析を継続しつつも外販向けにAIの作っ
たデータの可視化を「試行錯誤」していくサブチームBの2つに再構築し
て進めていきましょう。

💬 チームの再構築とプロジェクトテーマ

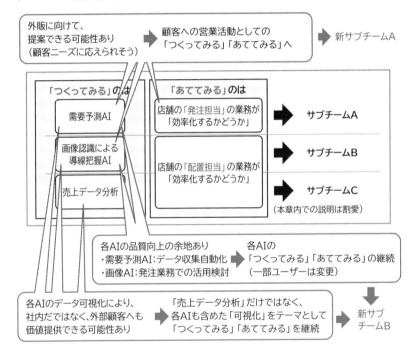

　ここで、各新サブチームのタスクを少し整理しておきましょう。

　まずは、①外販向けに外の顧客に向けて「つくってみる」「あててみる」
になります。これは、システムを作るというよりは、営業的な側面が強い
作業と考えてください。

　システムやAI開発として少し手を入れておいた方がよいことは、②需
要予測AIのデータ収集自動化、③画像AIの改修です。収集の自動化は、

今後、需要予測AIの可視化を「つくってみる」「あててみる」を回すために必要となります。複数の店舗での試行錯誤に備えて、収集の自動化を行っておきましょう。画像AIの改修に関しては、前回の目的とは違い、新規製品棚やイベント棚にカメラを設置して人の反応を見ていく、いわば画像AIによる人の反応分析ということになります。目的が違うので、設計から再度検討し、どんな技術を使うかを考えてみましょう。結果的に、全く同じ技術でいけそうだ、となったとしたらそれは問題ありません。ただ、再度改めて目的を設定し、最適な技術を選択するという視点を持つのが重要です。人間の反応ということを考えたら、例えば顔の向きや、視線なども見れた方がより良いものになる可能性もあります。

　それ以外では、④可視化を「つくってみる」「あててみる」になります。④に関しては、今回、線で捉えなおしたように、需要予測AIと画像AIのデータを個別に考えるのではなく、統合して、考えることが重要です。そのためにも、業務構造の整理から再定義し、可視化や分析設計をしていきましょう。他にも、データ分析チームでは、⑤これまでの取り組みの継続テーマも存在するでしょう。

　そこで、新サブチームAは主担当が2人で、①の外販向けに外の顧客に向けて「つくってみる」「あててみる」を行い、新サブチームBは、4人で、②、③のシステムやAIの改修などを行う2人と、④、⑤のデータ分析を行う2人で担います。②、③は、これまで触れてきた需要予測AI、画像AIと同じ流れで進めていくことになります。一方で、④、⑤に関しては、3章や画像AIの導線分析と同じ流れで進めていくことになります。

　ここで、一番、不透明なのが①の外販に向けての部分です。今回は、①の外販、つまりサービスの事業化に向けての進め方を取り扱います。

4▶8 サービスの事業化に向けて顧客に「つくってみる」「あててみる」「運営チームを立ち上げる」

　さて、ここからは、新サブチームAにてサービスの事業化に向けて進めていきます。これは、外の顧客向けに「つくってみる」「あててみる」です。これまでのようにデータ分析やAIなどをつくるのとは少し違った「つくってみる」になります。

● サービスの事業化に向けて「つくってみる」「あててみる」

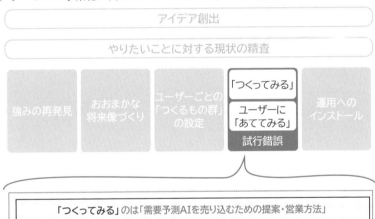

　では、さっそく進めていきますが、サービスについて少し整理しておきましょう。なんとなく、線で捉えることで、サービスの輪郭が見えてきています。それは、販売会社や店舗など、本社と離れた位置で施設運営するチームへの支援を行うサービスです。機能としては、需要予測AIや画像AIを用いた人間の反応分析があり、それによって発注業務の最適化を行

うことができます。ただ、自チームで自社の店舗に対して試行錯誤をしてきた結果、このツールがあったところで、現場でどのように使いこなしていけるかは少し不安に感じています。実際、画像AIによる導線分析では、導線が分かったところでどう改善して良いか分からないという声もあがっていました。そこで、上記のツールを販売していくのと同時に、コンサルティングによる分析支援も視野に入れていこうと考えました。

💬 サービスのイメージ

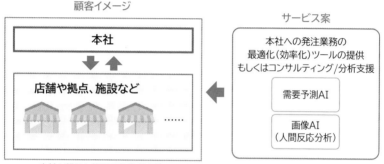

では、最初に何をしていくべきでしょうか。それは、まず、興味を持ってくれる顧客の候補を見つけることです。とにかく、あててみないといけないのですが、あてる先がないと話になりません。例えば、仕入先などから情報を聞いたり、自社の繋がりを探したりして、あてる先の候補を考えていきます。そして同時に、あてるものをつくっていきます。

では、このあてる先に対して、何を「つくってみる」のが良いのでしょうか。今回、検証したいことは、我々の考えているサービスの価値です。そのため、一番分かりやすいのは、自社と関係がある会社に、資料を持って話をしてみることです。何かシステムやデモがないといけないのではないか、と思っている方もいらっしゃいますが、サービスの価値を伝えられる資料があれば良いのです。その他にも、資料を持たずに、勉強会という形で、企業交流会を開催し、困り事や取り組み事例をシェアしていくこ

とで、「あててみる」のも1つです。また、もう少し広く考えると、セミナーやウェビナーなどの発信を行っていくのも「つくってみる」の1つです。このセミナーでは、例えば、これまでの取り組み事例などや、現場での課題感や解決方法を発信していくと、同じような課題をもった想定外の顧客が見つかるかもしれません。また、参加人数によって、ある程度、市場での興味が測定できます。

　このように、資料でもセミナーでもシステムでも、要は、自分たちが考えていることに価値があるかどうかを探るために「つくってみる」「あててみる」のです。ここで、ある程度見込み客が見つかったら、初めてトライアルしてみませんか、一緒に事業化しませんか、などという提案に繋がっていきます。また、そこで、サービスの価値をあててみることで、本質的な価値がブラッシュアップされて見えてきます。ここまで来た時点で、要件を固めて、システム開発に移行しても遅くはありません。また、その際のシステム開発に関しても、はじめから大きく作るのではなく、何社かの会社でトライアルができるレベルの最小限のシステムを作成し、トライアルしながら「あててみる」「つくってみる」を繰り返していくことで、サービスの品質を上げていく方がよいでしょう。

　さて、外の顧客への「つくってみる」「あててみる」が数回まわり、自分たちの価値がブラッシュアップされ、トライアルに賛同してくれる顧客が見つかり、システム開発が立ち上がったタイミングで、運用チームを立ち上げる必要がでてきます。これは、運用へのインストールに相当します。外向けに販売していくためには、トラブル対応はもちろんのこと、使い方をコンサルティングしていくチームや、セミナー等を開催し、運用の仕方をレクチャーしていく必要がでてきます。そこまでやって、やっと、テクノロジーが日常化し、毎日のように使われていくのです。本質的には、社内向けであろうと、社外向けであろうと、やることは変わりません。

　最後は、少し駆け足になりましたが、これで、サービス化への取り組みまでの流れを説明しました。本当にケースバイケースではありますが、一つの事例として参考になるかと思いますので、イメージがつくまでは何度か見返してみてください。

4▶9 複数の取り組みたいテーマをチームで進めていくプロジェクトの失敗例

　では、最後に、今回のような、トップダウンでチームとしてスタートし、取り組みたいテーマがたくさんある中で進めていくプロジェクトにおける失敗例について触れていきます。振り返りながら読んでみてください。

　最初のスタート時に落とし穴がいきなり潜んでいます。それは、チームとしてスタートし、取り組みたいテーマがあるものの、戦略を考えないと始めてはいけない、や、具体的になにから始めて良いか分からない、といって、何カ月も悩み続けることです。ただ、残念ながら悩み続けても結果は生まれてこないので、小さくても良いから「つくってみる」「あててみる」を進めてみることが大切です。ヒアリングでも良いのです。少し考えたら、行動する、ということが重要です。

　さてケーススタディでは、最初の落とし穴を回避して、「アイデア創出」を行った後に「つくるもの群の設定」を行いました。しかし、そこで次の落とし穴が待っています。それは、ポートフォリオを組まずに、予算やチームの工数を1つの「つくってみる」に集中投下してしまうことです。私たちは、こういった仕事をしていて、「本当になにがヒットするかはわからないな」と常々思います。やってみるまで答えは分からないのです。そのため、1つのことにすべての予算を投下するのではなく、配分して多くの取り組みをしていく方が良いです。今回の例でもあったように、結果的に画像AIの目的が変わったとしても、取り組みは無駄になりません。そのため、1つのものに集中するよりも、分散させて多くのことに取り組んだ方が、結果的に成功に繋がっていくことが多いです。ただ、「やってみないと分からない」を枕詞に何も考えないのは、逆に失敗する確率を格段に上げてしまいます。成功は再現できないかもしれませんが、失敗はある程度回避できます。大ヒットを生むまで、挑戦し続けられるように進め

ることが、新規サービスの事業化の鍵だと思います。そのため、データ分析のように大成功はないかもしれないけれど手堅いテーマと、少し不確定なテーマをポートフォリオとして組むことは非常に重要です。

そうして、1つへの集中投下も回避し、サブチーム化して、進めていったあと、サブチームごとに1巡したタイミングで次の落とし穴です。それは、それぞれのサブチームが、全体を横通しに状況を把握せず、独立して進んでいってしまうことです。サブチームは、どうしても目の前のことに集中してしまいます。そうでなければ、ずっと悩んでしまい新しいものが出来上がっていきません。しかし、「つくってみる」「あててみる」を1回まわした後など、要所要所で目的に立ち返るということをするのが良いでしょう。特に、チームリーダーは、意識的に、全員の視座を高める機会を作るようにしましょう。そのためにも、定例会議を行い、全員の方向性を合わせておくことが重要です。

では、全員で共通認識を持ち、いよいよ外向けにサービスを展開していくことになります。しかし、ここにも落とし穴が待っています。それは、社内の意見が正しいと信じ切ってしまい、外の顧客に「あててみる」をやらずに、システムを作りこんでしまうことです。社内の意見と外の企業では文化が違います。自社では常識であることが、他社では非常識であることもあります。そのため、やはり「あててみる」ことが必要になります。あてないで、予算をかけてシステムを作ったけど、売れないことほど、新規サービスにおいて辛いことはありません。ユーザーが違うと考え、しっかりと「あててみる」ことを忘れないでください。

そしていよいよ、最後の落とし穴は、運用チームを立ち上げないで進んでしまうことです。これも繰り返しになりますが、新しいシステムやツールは、定常業務を担っている方々からすると、非日常が飛び込んでくることになります。そのため、丁寧に運用へのインストールをしていかないと、日常的に使ってくれません。運用は、開発と違って地味なイメージがありますが、実際には非常に重要な仕事を担っているのです。最後に油断をして、現場に必要とされるものを作ったのに使われない、といった事態にならないように注意しましょう。

🗨 複数の取り組みたいテーマをチームで進めていくプロジェクトの失敗例

プロジェクトの失敗例：

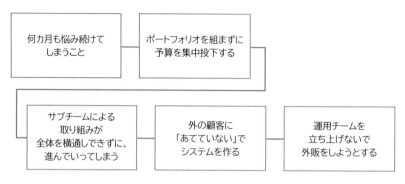

　これで、4章は終了です。AIの説明もあったことから、最もページ数の多い章になってしまいました。ただ、AIプロジェクトの流れや設計のポイントを説明したので、AIプロジェクトの進め方のイメージができるようになったのではないでしょうか。4章では、トップダウン的に、チームが立ち上がり、取り組みたいテーマが多いときにどのように進めるかを説明してきました。アイデアが出てきたら、ユーザーごとに業務構造を整理して、しっかりとポートフォリオを組んで進めていくのを忘れないようにしましょう。また、1つ1つのテーマを、点で捉えるのではなく、線や面で捉えることで、新しいサービスが生まれる可能性を秘めていることも実感できたのではないでしょうか。定例会議などで、定期的に地図をみんなで眺めて、次に向かう方向を見定めていけば、自然と点ではなく、線や面の視点を持ったプロジェクトになっていくと思います。みんなの知を集結させることで、新しい可能性のあるサービスがあふれる社会になっていくと期待しています。

第5章

ケーススタディ③
強みの再発見を起点にする
プロジェクト

さて、いよいよ最後のケーススタディです。強みの再発見から始まり、将来像づくり、つくるもの群の設定、という形で、左から右に流れていく形を説明していきます。このパターンは、4章と同じように、チームリーダーやベンチャー企業の経営層などが考えるケースに近いです。違いとしては、課題が「事業をどうしていけば良いのか」のように、比較的高い視点にあることです。ここまでくると、デジタル技術の活用プロジェクトに留まらず、新規事業プロジェクトなどに近くなってきます。本書におけるケーススタディとしてはデジタル技術を活用する方向に帰結させているのですが、本来、こういった場合にはデジタル技術だけでなく、もっと広い視点で新規事業を検討していくことになるのではないかと思います。

　さらに、事業自体を創るという意味では、3章、4章と異なり「あててみる先」も「なにをつくるのか」もない状態です。この場合、いきなりアイデア創出しても上手くいかないことが多いです。事業の拠り所として、既存事業もしっかり分析しつつも、新しい事業を考えていくというバランスが重要です。自社の良さを活かした新規事業が創れたら、自社にしかできない独創的な事業を創出できる可能性を秘めているのです。そして、それは、企業が変化し続けるための方法だと信じています。

　3章から続いてきたケーススタディの中では、戦略や考え方などのようにテクノロジーとは違う部分の説明が中心となる章です。ただし、視座の違いはあるものの、これまでのケーススタディと同様に、「つくってみる」「あててみる」はもちろんのこと、ヒアリングなどを行い、動いてみる、を大事にしているのは共通しています。また、技術としては、AIシステムを題材に柔軟なシステム開発に関して簡単に触れていきますが、これまでの章と比べると技術の説明は少ない章となっています。

● 5章の地図

アイデア創出

やりたいことに対する現状の精査

| 強みの再発見 | おおまかな将来像づくり | ユーザーごとの「つくるもの群」の設定 | 「つくってみる」ユーザーに「あててみる」試行錯誤 | 運用へのインストール |

あなたが置かれている状況

　あなたは、ベンチャー企業の新規事業開発リーダーとして抜擢されました。所属しているベンチャー企業は、現在、数十人規模で、スマートフォンアプリ開発の受託サービスを中心に売り上げを伸ばしてきました。現状では、5社程度の大型クライアントを中心に安定していますが、今後もこのまま受託を続けていくのに不安があります。社長の想いとしても、脱受託を考えており、そういった背景から新規事業チームが立ち上がりました。

● ビジネスおよび社内の構造

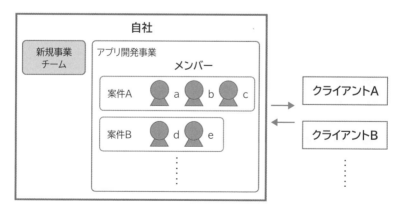

5

ケーススタディ③　強みの再発見を起点にするプロジェクト

215

5▶1 「強みの再発見」を行い、「将来像」を描いてみる

　では、まず初めに、「強みの再発見」を行っていきます。これは、4章の時とは違う選択です。では、なぜ強みの再発見から開始するのでしょうか。4章の時は、自社に「ユーザー」が存在し、「なにをつくるのか」を試行錯誤することがポイントでした。試行錯誤の結果、外販向けを考える際には、既に試行錯誤して「なにをつくるのか」がある程度はっきりしている段階で、外の「ユーザー」を探しにいきました。一方で、今回は、「ユーザー」「なにをつくるのか」のどちらも不明瞭です。その場合、アイデアを考えても、誰に向けてのものなのかが見えず、うまく進めていくことができないことが多いです。そこで、まずは、自分たちを知るということをプロジェクトの起点にしてみるという意味で、「強みの再発見」から始めるのです。これは、企業内で新規事業を考える場合も、問題の本質は同じです。ベンチャー企業に所属していないからといって関係ないパターンではありませんので、是非押さえておきましょう。では、早速、強みの再発見をしていきましょう。

● **強みの再発見**

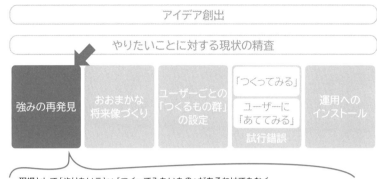

現場として「やりたいこと」「つくってみたいもの」があるわけでもなく、
会社として新たな技術活用(DX推進など)が求められているわけではない今回のケースは、

「事業」に対して技術を活用することで、現状から進化したいと模索している状態

そのため、進化後の事業におけるユーザーが見えておらず、「あててみる」先が無いので、
プロジェクトの起点を見つけにくく、アイデアを出しても四方八方に拡散してしまいがち

そこで、まず起点をつくるべく、「強み」を見直す段階から始めていくことになります。

2章にもあるように、「強みの再発見」でみていく視点は大きく分けて「資産」「環境」です。さらに、資産の中に、ヒト、モノ、カネ、データがあります。ヒト、モノ、カネは良く聞きますが、特にデジタル技術を活用しようとする場合、データという要素が入ります。環境の中に、事業推移、周辺変化、技術環境があります。では、自社について、考えてみましょう。

5

ケーススタディ③ 強みの再発見を起点にするプロジェクト

217

💬 強みの再発見のための全体把握

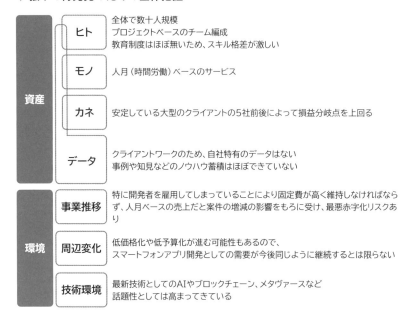

資産	ヒト	全体で数十人規模 プロジェクトベースのチーム編成 教育制度はほぼ無いため、スキル格差が激しい
	モノ	人月（時間労働）ベースのサービス
	カネ	安定している大型のクライアントの5社前後によって損益分岐点を上回る
	データ	クライアントワークのため、自社特有のデータはない 事例や知見などのノウハウ蓄積はほぼできていない
環境	事業推移	特に開発者を雇用してしまっていることにより固定費が高く維持しなければならず、人月ベースの売上だと案件の増減の影響をもろに受け、最悪赤字化リスクあり
	周辺変化	低価格化や低予算化が進む可能性もあるので、 スマートフォンアプリ開発としての需要が今後同じように継続するとは限らない
	技術環境	最新技術としてのAIやブロックチェーン、メタヴァースなど 話題性としては高まってきている

　まず、ヒトの視点でみていくと、自社は現状プロジェクトベースのチーム編成で、数十規模です。また、ベンチャー企業にありがちな教育制度がないという環境ゆえ、スキル格差が激しいです。また、モノの視点では、個々人が使うパソコンなどはあるものの、工場や生産設備があるわけではなく、基本的には人月ベースの受託サービスだけで会社を回しています。続いて、カネという視点では、大型クライアントが安定しているので、損益分岐点は上回っています。最後に、データに関しては問題で、クライアントワークをしている企業にありがちですが、自社保有データがほぼないという状況です。また、教育にも影響していますが、目の前のアプリ受託サービスに精一杯で、事例や知見などのノウハウは蓄積できていません。

　続いて、環境です。事業推移に関しては、雇用による固定費が問題となり、人月ベースの売上だと案件の増減で一気に会社が傾くリスクがあります。周辺変化では、システム開発などの価格競争によって、低価格化や

低予算化が進む可能性があり、さらにWebサービスからアプリサービスに変わってきたように、アプリ開発の需要が今後も同じように継続するとは限らないと考えています。技術環境としては、AIやブロックチェーン、メタヴァースなどの話題性が高まっており、それらを取り入れたITサービスは、ますます盛り上がっていくと考えています。

　というところまでいったん、自分で考えてみたものの、自分の意見がすべてではないので、ヒアリングを行い、社内メンバーは自社についてどのような認識でいるのかをまとめてみましょう。これは、いわば、「強みの再発見」を社内に「あててみる」です。これまでのプロジェクトのように、明確に「あててみる」に行っているわけではありませんが、これもひとつの「あててみる」になります。このように、「強みの再発見」から入っても、常に「あててみる」姿勢を忘れないでください。

◉ 強みの再発見の社内ヒアリング

ヒアリングをした結果、とにかくクライアントの要望を受けて言われた通りに作っている、のような意見が聞けました。このあたりは、自分が分析したものとも近く、同じような認識を持っていることがわかりました。次に環境ですが、こちらもビジネスモデルの限界を感じていたり、今後のキャリアを考えている人がいるようです。概ね想定通りであり、むしろ、ブロックチェーンなどの技術の発展についてはあがって来ませんでした。ここまでで、社内ヒアリング結果をもとにした強みの再発見は完了しました。では、次に何をやるのか。ここまで読んできた読者の方は、想像がつくかもしれませんが、「社外にヒアリングしてみる」になります。既存のお客さんに少しだけ時間を取ってもらい、社外の立場から考えて、何が嬉しいのか、なぜ弊社なのか、を聞いてみるのが良いのでしょう。

💬 強みの再発見の社外ヒアリング

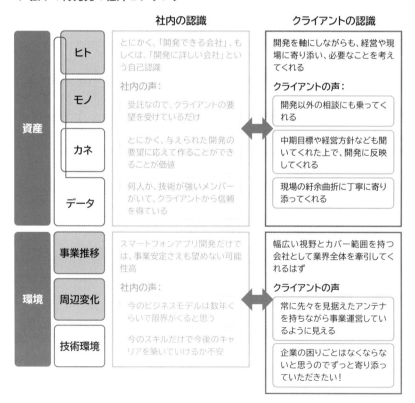

　社内の声とは違うことが聞けましたね。社外の方々は、開発以外の相談事項にも耳を傾け、適切に開発に反映しているように見てくれているようです。また、アプリ開発だけでなく、幅広い視野を持っている会社として認識してくれているようです。このように、自社と他社の視点は異なることが多いです。自分の意見や社内の声だけを信じず、社外の声に耳を傾けてみましょう。では、この「強みの再発見」から考えられることは何なのでしょうか。得られる示唆としては、自社の強みをアプリ開発という提供サービスに閉じて認識するのではなく、少なくとも周囲からは「開発を基点にしながらも、経営や現場に寄り添い、必要なことを共に考えることができる」というスタンスを強みとしてみてもらっていることを再認識した上で、それに伴い事業も、その強みを起点にして、アプリ開発の受託という既存事業に閉じず、多様化していけるのではないか、ということを仮説として立てました。

● ヒアリングから得られる示唆

クライアントの認識

> 「開発を軸にしながらも、経営や現場に寄り添い、必要なことを考えてくれる
>
> **クライアントの声：**
>
> 開発以外の相談にも乗ってくれる
>
> 中期目標や経営方針なども聞いてくれた上で、開発に反映してくれる
>
> 現場の紆余曲折に丁寧に寄り添ってくれる

> 幅広い視野とカバー範囲を持つ会社として業界全体を牽引してくれるはず
>
> **クライアントの声**
>
> 常に先々を見据えたアンテナを持ちながら事業運営しているように見える
>
> 企業の困りごとはなくならないと思うのでずっと寄り添っていただきたい！

得られる示唆（仮説）

自社の強みを
「アプリ開発」という提供サービスではなく、

「開発を軸にしながらも、経営や現場に寄り添い、必要なことを考える」

というスタンス（及びそれに基づく提供価値）と認識し直すことで、

アプリ開発という内容にこだわらず既存事業も多様化していくことを目指しつつ、

会社全体として、その強みを基軸にした新規事業を含む多角的な事業展開（ポートフォリオ型）に広げていくべきなのではないか

「将来像づくり」

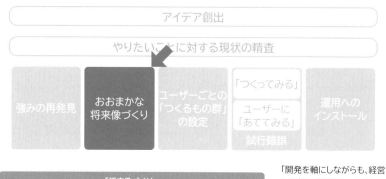

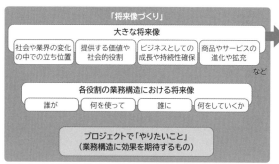

「開発を軸にしながらも、経営や現場に寄り添い、必要なことを共に考える」という強みをベースに、特に技術におけるカバー範囲を広げたポートフォリオ経営

各プレーヤーが社内に蓄積したノウハウと外部も含め協力しあって収集した最新情報を使って、発信及び価値提供

発信及び価値提供のための基盤となるものをつくる

　「強みの再発見」から立てた仮説を受け、将来像に落とし込んだ結果、「開発を軸にしながらも、経営や現場に寄り添い、必要なことを共に考える」という強みをベースに据えて、ポートフォリオ経営を目指していくことにしました。つまり、別に受託自体が悪いことではなく、それも1つの事業として捉えていけば良いと考えました。また、そのために、社内に蓄積したノウハウと社内外で収集した最新情報を使った発信および価値提供を進めていきます。つまり、プロジェクトとしては、発信および強みとしている「経営や現場に寄り添い、必要なことを共に考える」という価値の基盤を作っていくことを考えています。これまでとは違い、「強みの再発見」から、「将来像づくり」まで、大きなところから考えて、プロジェクトにまで落とし込んできています。

　では、ここまでの話を整理して、やるべきことをまとめてみます。

● 新規事業に向けた方向性の全体像

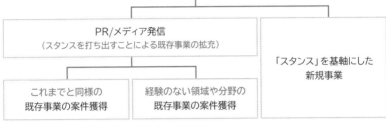

| 強み | 「開発を軸にしながらも、経営や現場に寄り添い、必要なことを共に考える」という「スタンス」 |

PR/メディア発信
（スタンスを打ち出すことによる既存事業の拡充）

| これまでと同様の
既存事業の案件獲得 | 経験のない領域や分野の
既存事業の案件獲得 | 「スタンス」を基軸にした
新規事業 |

ただし、既存事業と同様の案件であっても、「開発することのみ」を求めず、「寄り添うこと」を求め、一緒に事業を作りたいクライアントと出会うことを狙う

既存事業での受託ベースの案件であったとしても、「スマートフォンアプリ開発」以外の新たな分野や、人月以外の契約形態の案件の引き合いを目指す

コアとなるスタンスを起点に、それ自体を事業化する方法を模索する

　まずは、「開発を軸にしながらも、経営や現場に寄り添い、必要なことを共に考える」という強みを明確にして、PRやメディア発信を行っていきます。それは、これまでと同様の既存型の案件獲得はもちろんのこと、経験のない領域や分野の既存事業の案件獲得が獲得できる可能性があります。それは、これまでだと、ただのアプリ開発会社だと思っていましたが、強みは別であることに気づいたので、社外への発信の仕方が変わります。その結果、受託ベースの案件になるかもしれませんが、「スマートフォンアプリ開発」以外に新たな分野や、人月以外の契約形態の案件かもしれません。さらに、「強みの再発見」で見出したスタンスを基軸とした新規事業が考えられます。それは、コアとなるスタンスを起点に、それ自体を事業化する方法を模索していくことになります。もちろん、PRやメディア発信は重要なテーマではありますが、ここでは、新規事業を中心に説明していきます。

　では、「開発を軸にしながらも、経営や現場に寄り添い、必要なことを共に考える」という強みをもとにした新規事業を考えるために、「アイデア創出」とともに「つくるもの群の設定」をしていきましょう。

💬 アイデア創出とつくるもの群の設定

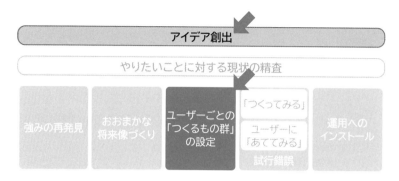

　そのためには、まず、自分たちの業務構造を書いてみましょう。自社の案件の大半のケースで、「○○なことがやりたいと思ってるんだけどなんかアプリ作れないだろうか」のように、抽象的な想いから依頼が入ってきて、その依頼の本質的な部分を一緒に考えることから始まります。そこでは、やりたいことの目的や方向性をヒアリングし、こんなことをやったらどうか、などのように複数のアイデアを一緒に出していきます。その中で、一番イメージに合うアイデアをもとに開発をスタートします。ただ、私たちは、その開発過程において変わることを前提に柔軟なシステムやアプローチ開発を行っていきます。そのために、根幹となる機能は押さえつつも、1つ1つの機能に対して、業務の観点、技術の観点で優先順位付けを行いつつ、機能や技術を追加してたり削除したりしていきます。

💬 業務構造

　そういった中で考えると、現場に寄り添うというのは、つまり現場の課題を明確に捉えて、最適な解決方法を幅広い技術の中から提示できてい

るということかもしれません。また、柔軟なシステム開発マネジメントや
ヒアリングの知見も、現場に寄り添うスタンスに寄与してくるように思
います。上記の方法論を強みとして考えると、例えば、いくつかのアイデ
アが浮かんできます。①課題を打ち込んだら解決するための技術をマッ
チングしてくれるシステムを形にするのはどうでしょうか。それ以外に
も、②柔軟なシステム開発手法をソフトウェア化して、システム開発マネ
ジメントツールを作るのも1つです。さらに、③ヒアリング項目をWebで
公開し、企業に入力してもらうことで、その結果を分析し企業へのアドバ
イスを行っても良いでしょう。

💬 **アイデア一覧**

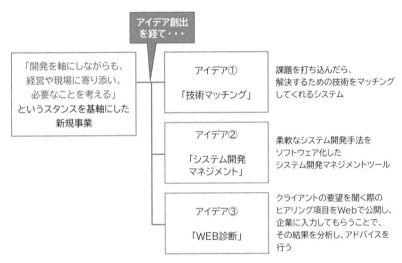

これまでのケーススタディと同様に、これらのアイデアは、「あててみ
る」ことでしか価値がはかれません。工数にもよりますが、最初から絞り
込むのではなく、まずは価値を検証していくのが良いでしょう。

5▸2 自社の強みを活かしたアイデアの価値を検証してみる

　では、今回は、①技術マッチング、②システム開発マネジメント、③ヒアリングへの診断のどれが良いのかを検証するために、「つくってみる」「あててみる」をやっていきます。

💬「つくってみる」「あててみる」

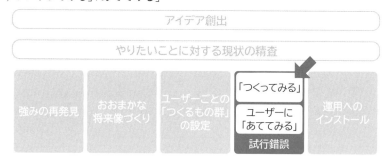

　ここでは、なるべく開発しなくても検証できるように考えていきましょう。なぜなら、まだユーザーが見えていないからです。ユーザーが曖昧な状態で、近い企業や人、関係者などに聞いてみる段階であれば、できる限り簡易な状態で検証していった方が良いでしょう。

　まず、①技術マッチングであれば、検証したいのは、課題に対して技術が紐づけられるとみんなが嬉しいと感じるのか、です。そのため、例えば、課題アンケートを実施し、アンケートに答えたら、無料で解決手法を提示するということをやってみて、協力者に意見を聞いてみたりすると良いでしょう。例えば、GoogleFormなどを使えば、簡単にアンケートが作成できます。

226

　また、②システム開発マネジメントではどうでしょうか。こちらに関しては、まず、自分たちのマネジメントの方法論をしっかりと把握することです。パワーポイントなどに、システム開発のフローや、その際に押さえるべきポイントを整理しましょう。その後、パワーポイントの資料でも良いので、例えば、セミナーなどを開催し、我々が考えている手法に対しての反応を見てみると良いでしょう。それ以外にも、ホワイトペーパーや、発信を行い、マネジメント手法の評価を行ってみると良いでしょう。

　最後に、③ヒアリングへの診断ですが、これも技術マッチングと同様に、アンケートを実施してみると良いでしょう。もしかしたら、技術マッチングとセットで実施し、「企業診断＋技術マッチング」が価値ということになるのかもしれません。

　いかがでしょうか。システムやアプリを作らないで検証できるのであれば、それに越したことはありません。3章、4章においても、「つくってみる」はやっていますが、開発する際はなるべく最小限のものにとどめています。作らないとイメージできなかったり、価値が検証できない場合を除いて、なるべく工数を割いて作るのは避けましょう。作らないことで、「あててみる」の回数を増やす方が重要です。

　これで、「なにをあてるのか」がはっきりしました。一方で、「あててみる」先は決まっていません。では、誰に「あててみる」を行っていきましょうか。これは、4章で外販向けを検討した際と同様に、既存案件の顧客など関係がある会社などから先にあたっていくのが1つの選択肢でしょう。このフェーズではあまり予算を使わないで検証できることが重要です。

　今回は、既存案件の顧客に「あててみた」結果をまとめていきましょう。

●検証結果

検証メモ

技術マッチング

・課題に対して、解決策のアイデアがでてくるのは嬉しい
・これなら、アイデアノートとしても使用できそう
・課題と言われると入れるのが難しい。想いみたいな形で入れられると良いな

システム開発マネジメント

・マネジメントの思想としては理解できるけど、使いこなせる気がしない
・ケースバイケースが多いので、非常に難しい
・マネジメントツールのWebサービスがあって、現状を入力したら注意点や現状
　ステータスがでてくれば使えるかも

ヒアリングによる診断

・ヒアリング項目が丁寧で全体的に答えやすかったけど、一部難しい質問もあった
・技術マッチングとセットで、解決策の案だけでもあると嬉しい

　検証の結果、技術マッチングと、企業診断は、どちらも大事という反応
でした。また、技術マッチングは、アイデア帳としても使えそうというこ
とで、評価もなかなか良いですね。システム開発マネジメントに関して
は、少し理解しにくいということで、Webサービスのような形でわかりや
すく提供できるかがポイントになりそうです。そういう意味では、システ
ム開発マネジメントの手法自体の価値が上手く検証できていません。こ
のように、価値が上手く検証できないケースはどうしても出てきますが、
その要因の1つとして、価値を本質的に整理できておらず、その結果「つ
くってみる」ときに表現ができていない可能性が高いです。もう一度、価
値はなんなのかを考え直しても良いと思います。
　では、この結果、どういったものにサービスを仕上げていきましょう
か。なんとなく、技術マッチングを武器に攻めて行くのが良さそうです。
それを前提に考えると、簡単な想いや課題を入力すると、同じような課題
から解決手法案をいくつか提示していくものが良さそうです。また、アイ
デア帳としての活用も見越して、課題や想いが近いものも事例として表
示すると、似たような課題でのアプローチが見えるようになります。ま

た、発展機能としては、ヒアリング項目を入力して企業の診断を行い、そ
れに合わせて技術マッチングの精度を上げるというのも考えられます。
ただし、最初の段階では、なるべくシンプルなものを考えていきましょ
う。そこで、重要なのは、柔軟なシステム開発になってきます。これは、
この会社の強みでもあります。柔軟なシステム開発マネジメントを、自社
サービスの開発に活かしていきます。

これらの状況をまとめると、次図になります。

💬 検証状況のまとめ

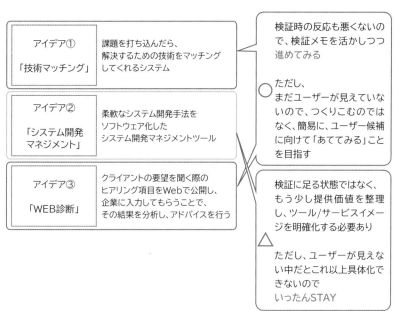

「技術マッチング」「Web診断」は、検証時の反応も悪くないので、検証
メモを活かしつつ、進めてみることにします。一方で、「システム開発マ
ネジメント」は、検証に足る状態ではなく、もう少しイメージを明確化し
ないと厳しそうです。そこで、一旦、ストップしておきます。

5▶3 AIシステムプロトタイプを「つくってみる」「あててみる」

では、考えたサービスの実現に向けて、簡単なWebサービスを作っていきます。ただ、まだまだシステムはプロトタイプなので、あまり作りこみすぎないようにして、「つくってみる」「あててみる」をやっていきます。まずは、「つくってみる」からです。

💬「つくってみる」

技術のマッチングは、AIを使うことを想定しています。今回は、AI自体ではなく、AIを使ったシステムを中心に説明していくので、あまり深堀して説明しませんが、AIの機能としては、課題や想いに対して解決できる技術手法を抽出する検索エンジンのようなイメージを持つと良いでしょう。では、簡易的なシステム設計をしていきます。

💬 システム設計

システム設計

概要

課題や想いを入力することで、あらかじめ登録されているデータ内の解決案の中から、適切な解決案および類似課題を抽出し、提示するシステム

システムの全体像

Input	Process	Output
課題 「〇〇を効率化する」 ※画面で操作を想定	→ AIによるデータ検索 ・Inputと解決案データのマッチング ・Inputと類似課題のマッチング	→ マッチング結果 ※画面で操作を想定

特記事項

・AIの精度向上や再学習は常に行い続ける想定
・AIの機能や種類は、トライアルやサービスインしてからの拡張する想定

　まずは、どんなシステムなのかの概要を簡単に記載します。また、システムの全体像として、どんなInputなのか、どんなProcessをしたいのか、どんなOutputを出したいのかを簡単に書いておきます。今回は、AIによるデータ検索として、Inputと解決案データのマッチング、類似課題のマッチングの2つを作ることで想定しました。

　さらに、システム開発は、1度決めたことを変えるということを非常に嫌います。外部に発注することも考えて、変わる可能性のある部分は、特記事項として残しておくと、システム開発担当者や外部パートナー企業などと揉めずに済むでしょう。これは、システム設計書というにはお粗末なほど簡易的な要件資料です。本格的なシステム開発では、数十枚〜数百枚にわたる資料を起こす必要があるので覚えておきましょう。ここでは、初期段階の簡易的なプロトタイピングであると考えて、なるべくシンプルなところだけ押さえています。では、これをもとに、少しだけシステムの構成を考えていきます。

💬 システム構成案

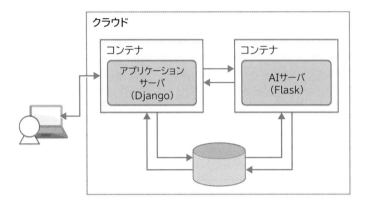

　システムは、スケーラビリティを考慮して、クラウド上に構築します。AWSなどのクラウドサービスは、自分たちのビジネスのスケールに合わせて柔軟に大きさや価格を変えることができます。つまり、最初のプロトタイピングから業務用の本格システムまで、対応可能で、しかも簡単にスケールを変えることができます。

　この図のように、アプリケーションサーバと、AIサーバを分けて構築した方が良いです。そうすることで、AIの処理で高付加になった場合は、そちらだけスケールを大きくするなどの手が打てます。また、AIの機能は、再学習や機能追加などが頻繁に行われます。アプリケーションが固まってきてあまりアップデートしないとしてもAIは改善し続けることが多く、アプリケーションサーバとAIサーバでは更新の頻度が明らかに違います。更新が頻繁に行われてもサーバを分けておくことで、アプリケーションにあまり影響がない形で運用ができます。もし必要であれば、解決案をマッチングするAIと類似課題をマッチングするAIも分けても良いです。AIサーバは、API形式での対応が一般的です。API形式は、アプリケーションサーバから、「こういうInput（課題）だよ」とAIサーバにリクエストして、そのデータをAIサーバで受けた上で、AI処理を行い、結果をアプリケーションサーバに戻します。単純に、1機能としての、Input-Process-Outputがサーバとして存在しているイメージです。また、AI構

築の際に使用することが多いPythonですべての機能を構築する場合、ア
プリケーションサーバはDjangoというフレームワーク、AIサーバは、
FlaskやFastAPIなどが有名なので覚えておくと良いでしょう。

さらに、これをコンテナという形で整えておくことが重要です。コンテ
ナは、Dockerなどのオープンソースが有名ですが、環境構築を容易にし
てくれるツールです。Pythonを使ったAIプログラムは、ライブラリを多
く活用することが多く、ライブラリのバージョンが変更になると動かな
いことが多いです。そのため、環境構築が1つの鬼門になっていました。
しかし、Dockerなどのコンテナで運用する形が登場してから、環境構築
の手間は劇的に改善し、簡単にサーバ移行が可能になりました。例えば、
何らかの理由で、他のクラウドサービスに移したい場合、コンテナをベー
スに環境構築をしていれば、そこまで労力がかかりません。これも、変
わっていくことを前提としてシステム設計として重要になってきます。

ここでは割愛しますが、本来であれば、さらに画面の設計や、画面ごと
の機能の設計が必要になってきますので覚えておきましょう。ただ、AI
システムを組む上で1つ重要な要素があります。それは、精度向上や再学
習を常に行い続ける方向で、データ化できる仕組みを取り入れることで
す。例えば、今回のようなケースでは、4章の需要予測AIの時とは違い、
数字で答え合わせができません。検索結果が正しかったのかどうかを、
ユーザーに入れてもらう必要があります。そのため、検索結果をただ表示
するだけではなく、「いいね」や「違うよ」ボタンを作成し、この検索が間
違っているなどのデータを取得できるようにしておきます。そうするこ
とで、定期的にデータの精度を確認して、改善できる仕組みが整います。
こういった、モデル構築や改善をしやすくする思想をMLOps（Machine
Learning Operations）などと呼びます。

では、「つくってみる」を行う際のタスクを整理しておきましょう。ま
ずは、①AI機能の開発です。今回は、Inputと解決案データのマッチング、

類似課題のマッチングの2つを想定して、AIエンジニアやデータサイエンティストと話をしていきます。それ以外のタスクとしては、②システムを組み上げる作業が必要になります。本来であれば、需要予測AIの時と同じように、①のAI機能を開発し、精度評価を行ってからシステムを組み上げるのが一般的です。ただし、今回のケースの場合、精度はさておき、InputとOutputが決まっているので、並行してシステム開発を進めても問題ありません。4章の「つくってみる」でも登場した需要予測AIのように、モデル構築するまで説明変数が決まらないケースなどでは、Inputが決まらないので、先にシステム開発をすると、Inputデータの仕様変更が頻発してしまうことがあるので、順番に注意しましょう。

　いったん、この設計書をもとに、開発メンバーとも話を進めていきます。その結果、概ね問題ないものの、開発メンバーの意見では、AIを2つ構築するところに工数が多くかかることがわかりました。4章で触れたように、「やってみないとわからない」AI系の場合、モデル構築に掛かる工数が読みにくいことが多々あります。この場合、選択肢は3つです。選択肢1は、検証までに時間がかかっても良いので予定通り2つ作成する。選択肢2は、作成するAIは2つではなく1つだけに絞る。選択肢3は、工数をかけずに疑似的なAI機能を実装する、といったことです。
　この選択はケースバイケースではありますが、AIの精度が不明瞭で、あててみるを行いたい場合は、選択肢1を選ぶ必要があります。ただし、まだ価値の検証自体が不十分である場合は、選択肢1のように時間がかかる作業は減らす必要があるので、選択肢2か3を選ぶのが良いでしょう。今回のケースのように、まだ価値の検証をしていきたい場合、選択肢2か3となると思います。選択肢2のように機能自体を削ってしまうのがベストですが、そのせいで価値が検証できなくなる場合は、選択肢3のように、簡単な機能だけを実装して、疑似AIのようなものを作っておくのも1つです。例えば、AIではなく、単純にキーワードが含まれているかどうかだけを探しに行く（文字列検索）などがあります。ここは、エンジニアリングの肝になるので、なるべく最低限の工数で最大限の表現ができる方

法をみんなで考えていきましょう。

　ここまでで、つくるものが決まります。ただし、繰り返しになりますが、まだまだユーザーの候補が見つかったわけではないので、あまり作りこみすぎないことが重要です、
　では、開発が完了したら、試用を行ってみましょう。「あててみる」になります。

●あててみる

　この辺の開発が終わったタイミングあたりから、「ユーザー」の獲得に動いていきます。もちろん、初期は既存案件のお客さんなどに、ちょっと使ってもらって意見やアドバイスをもらう形でも良いでしょう。ただし、「なにをつくるか」がある程度はっきりして、デモができる状態になってきているので、対象となる「ユーザー」を積極的に探して、使ってもらうようにしていきましょう。この試用の結果、ある程度の評価がもらえたら、サービス立ち上げに向けて、いよいよトライアルに進んでいきます。少し開発に関してここまでの流れと、今後の流れをまとめておきましょう。

開発の流れ

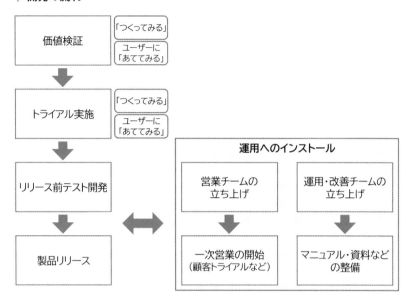

ここまでで、最も基本となる試用が完了した段階です。その結果、サービスインの方向性が見えてきました。ここからは、少しずつ「運用へのインストール」に入っていきますが、トライアルではまだ検証項目が残っている可能性があります。その場合、まだ「つくってみる」「あててみる」をやっていきます。ただし、価値の根底をひっくり返すような改修は避けるのが良いでしょう。製品リリースに向けて、少しずつ改修する範囲は狭めていき、逆にユーザーは増やしていきます。また、トライアルは1回とは限らないので、必要に応じて何回も実施すると良いでしょう。また、「運用へのインストール」という部分では、4章でも話した流れで、営業や運用チームの立ち上げを行っていきます。また、それに加えて、AI改善チームの立ち上げも行っていきましょう。運用へ入っていったら、基本的にはバグ以外のシステム改修は避ける方が良いのですが、AIだけは例外です。システムとは関係のないところで、AIの精度評価やモデルの再学習などを行い、必要に応じて反映（デプロイ）させていく必要があります。

● **チーム体制イメージ**

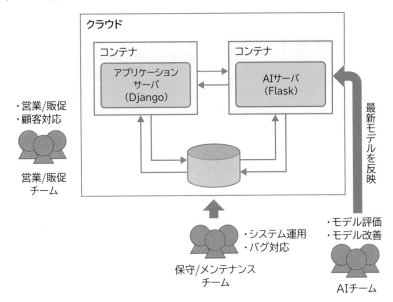

これで、「技術マッチング」「Web診断」の説明は終わります。ただ、プロダクトの改善は常に続いていきます。トライアルや、リリース後でも、常にユーザーに寄り添い、プロダクトのブラッシュアップをしていくようにしましょう。また、プロダクトのブラッシュアップとともに、チーム作りも非常に重要です。人、モノ、カネと言われるように、プロダクト（モノ）だけに予算を投じるのではなく、人に対しての投資を行い、プロダクトやビジネスのスケールアップとともに、大きくしていきましょう。

5▶4 ユーザーに「あててみる」ことで 「なにをつくるか」を形にする

　ではここで、塩漬けにしていた「システム開発マネジメント」に関して、少しだけ考えていきましょう。これまでお話してきているように、本章のポイントは、「あててみる」先も、「なにをつくるか」も見えないという部分でした。その結果、「強みの再発見」から入り、「なにをつくるか」を具体化したあとに、ユーザー探しに奔走しました。その過程で、「システム開発マネジメント」に関しては、まだ価値検証が不十分であり、一旦、そちらはストップしました。

　一方で、「技術マッチング」や「Web診断」に関しては、「つくるもの」の価値が明確だったので、「ユーザー」の候補を探すことができました。このように、サービスの種類として、「わかりやすいサービス」と「わかりにくいサービス」が存在します。「わかりやすいサービス」は、初期段階で評価が高い一方で、比較的、真似されやすかったり、類似サービスが出ているケースは多々あります。一方、「わかりにくいサービス」は、最初の取っ掛かりが難しいものの、上手く表現できると、独自性のあるサービスとなり、大きく飛躍する可能性を秘めています。最初は理解されにくい方が、振り返ってみると上手くいくことも多々あります。これも、「つくるもの群」の時に話したポートフォリオの考え方です。

　では、システム開発マネジメントは、この後、どのように、進めていけば良いでしょうか。それは、いったん「ユーザー」を固定して、「なにをつくるか」を形にしてみることです。技術マッチングサービスの「ユーザー」を、こちらの「ユーザー」として仮置きしてすすめてみます。そもそも、「技術マッチング」も「システム開発マネジメント」も、自分たち自身の業務を振り返って、出てきた兄弟のようなものです。そのため、2つのサービスの対象となる「ユーザー」は近くなるはずです。「ユーザー」の中で技術マッチングが浸透し、つくりたいものが溢れるようになると、

柔軟性のあるシステム開発マネジメントは必須になってくるはずなので
す。そういう意味では、単純に、まだ「ユーザー」がそのフェーズにいな
いと考えれば良さそうです。そこで、技術マッチングサービスが立ち上
がった今こそ、「ユーザー」にあててみる、を進めていくのが良いでしょ
う。ここでは、説明しませんが、「ユーザー」が固定されれば、3、4章で
やってきたことと変わりはありません。「ユーザー」の業務構造を整理し
つつ、「つくってみる」「あててみる」をやっていきましょう。

5▶5 強みの再発見を起点にするプロジェクトでの失敗

　さて、5章の最後にも、失敗に陥りやすいポイントを説明していきます。今回のケースは、何と言っても「あててみる先」も「なにをつくるか」も全く見えないプロジェクトである点です。

　そういう意味では、最初から落とし穴がひそんでいます。それは、自分たちの強みを考えないで、1から既存事業と関係ないことを進めていくことです。もちろん、完全に1から立ち上げるベンチャー企業などの場合、それでも上手くいくケースはありますが、既存事業を持っている場合は、それを活かして、新しい事業を創らない手はありません。既存事業の改善は、分析が非常に重要で、分析をもとに着実に問題解決をしていきます。そのため、どちらかというと着実な成果はあがりますが、新しい事業が生まれにくいです。一方で、新規事業の場合は、正解がわからないので、「やってみる」(つくってみる、あててみる)の重要性が非常に高いです。ただし、単純に「やってみる」だけだと、いくら打席数を増やしたところで、いつまでたってもヒットは生まれません。そこで、既存事業の強みをしっかりと分析した上で「やってみる」という考え方を持つ、つまり既存事業に付加するイメージで新規事業を考えることが重要であると私たちは考えています。大企業などは特に、この考え方が中心になるのではないかと思っています。

　では、強みの再発見が終わったら、次の落とし穴は、「つくるもの群の設定」です。これは、4章と同じなので、皆さんはもうお分かりかと思います。価値を検証していないのに、変な先入観で1つのアイデアに絞り込むことは、非常に危険です。なにがヒットするかは、やってみないと分かりません。ポートフォリオの考え方を意識しましょう。

　しかし、つくるものを絞らないことにおける落とし穴が次に待ち構えています。それは、必要以上につくるものに予算と時間を費やしてしまうことです。まだ「あててみる先」もない状態で、システムを作り始めると、

単純に予算を食いつぶしていきます。まずは、なるべくつくらないでも、価値を検証していく方法がないか検討してみましょう。これは、価値の検証が終わって、システムのプロトタイピングをしていく時も同じ考え方です。必要最低限のものから、ビジネスの規模に合わせて、システムやサービスをスケールアップしていきましょう。AWSなどの世の中のクラウドサービスなども、こういった世の中にあった形でサービスを提供しています。上手く活用して、最初から多額の予算を投じるようなシステム開発はなるべく避けるようにしましょう。お金を投じるだけでは、リッチな機能の「すごいシステム」はできあがるかもしれませんが、使ってもらえる「良いシステム」は出来上がりません。

　最後の落とし穴は、人への投資を怠って、サービスがシュリンクしてしまうことです。テクノロジーの日常化は、良いシステムだけでは達成できません。人も含めて、良いサービスなのです。運用チームや営業チーム、さらにはAIの改善チームを組成して、テクノロジーの日常化の支援体制を作っていきましょう。

💬 プロジェクトの失敗例

自社の強みを考えないでありきたりなアイデア勝負	つくるものを先入観で1つに絞り込んで予算を集中投下する	価値を検証するだけなのに、つくりこみすぎてしまう	プロダクトにだけ投資をして支援体制がおろそかになる

　これで、5章は終わるとともに、全てのケーススタディが終わりました。ここで、少しだけ、すべてのケーススタディを振り返っていきましょう。図で表すと次図となります。

すべてのケーススタディの流れ

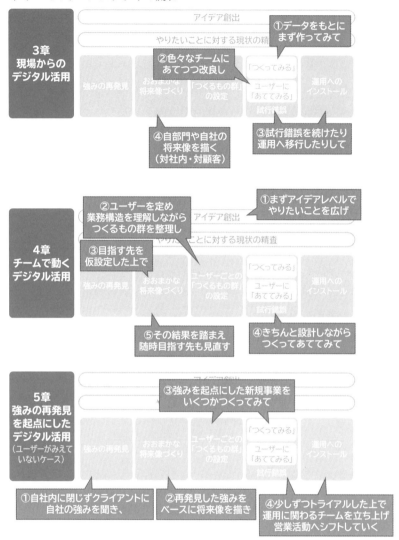

　まず、3章では、アパレルメーカーのマーケティングチームの1社員が、「つくってみる」から始めていきました。データ分析をもとに、商品企画チームに「あててみる」ことで、フィードバックをもらい、改良して現場で使われるものにこだわって、運用や試行錯誤を続けていきました。そん

な取り組みの中で、少しだけ将来像に意識を向けつつ、事業部や企業を巻き込み、いろんな垣根を超えたデータ活用を推進してきました。これは、いわば、1人の社員から始まる現場からのデジタル活用でした。

　一方で、4章では、DX推進本部が立ち上がり、チームメンバー全員で取り組んでいく事例でした。まずは、今後、DX推進本部として、デジタル技術を活用して何に取り組みたいか、をもとに、「アイデア創出」を行いました。そのアイデアを整理しつつ、ユーザーごとの業務構造を理解しながら、「つくるもの群の設定」を行いました。少し、将来像を整理しつつも、サブチームに分かれて、需要予測AIや画像AIにおける導線分析などをテーマに「つくってみる」「あててみる」の試行錯誤を行いました。また、サブチームの進捗をもとに、チーム全員で方向性を振り返りつつ、外販に向けて進めていきました。これは、チームで動くデジタル活用でした。

　最後の5章では、ベンチャー企業の新規事業を、「強みの再発見」を起点に進めていきました。自社内に閉じず、顧客へのヒアリングを行うことで、自社の強みを整理し、その強みを起点に、「将来像づくり」を行いましたね。その強みを起点とした新規事業アイデアの検証を行い、少しずつトライアルした上で運用にかかわるチームを立ち上げ、サービスの立ち上げを行ってきました。これは、4章と異なりユーザーが見えていない状態からのスタートであったため、「強みの再発見」を起点に進めるデジタル活用でした。

　いかがでしたでしょうか。AIやデータ分析プロジェクトの進め方のイメージ、ひいては、「正解がないプロジェクト」を進める上でのイメージが少しでも具体化できたのではないでしょうか。「はじめに」でも触れましたが、AI入門やデータベース構築など、単純に作る方法が書いている本が巷にあふれている一方で、なぜつくるのか、誰のためにつくるのか、を考えるきっかけになる本は多くはありません。このケーススタディを通じて、AIを作る意味やデータ分析に取り組む意義を少しでも考えるよ

うになってもらえたのであれば、単に「作る」のではなく、「創る」ということの本質も見えてきているのだと思います。

　さて、伝えたい事、話したい事はたくさんありますが、いよいよ最後の章になります。ここまで読んでいただいた皆さんは薄々感づいているかもしれませんが、3章、4章では技術に触れながらも、5章へと進むにつれて、技術以外の要素の説明を意図的に増やしてきました。それは、プロジェクトというのは技術以外の部分も重要であることをお伝えしたかったからです。私たちは技術の可能性を誰よりも信じています。だからこそ、プロジェクトにおいてその可能性を最大限に引き出すためには、技術以外の要素もよく検討し、高めていく必要があると考えているのです。そこで、最後の6章では、プロジェクトにおいて技術をより有効に取り入れることができる、そして「地図」を使ったプロジェクトの推進力を増すことができる要素として、プロジェクトメンバーそれぞれに求められる「共創する力」について説明していきます。1章、2章で「地図」の機能的な説明をしてきましたが、この6章では「地図」をつくった背景をより感じて頂けるのではないかと思います。

第6章

プロジェクトの推進力を
高める「共創する力」

6▶1 「地図」を使ったプロジェクトのチームメンバーが求められる「共創する力」

ここまで、ケーススタディを用いて実際のビジネスをイメージして頂きながら、私たちの「地図」という考え方を紹介してきました。

「正解がない時代」に、技術の可能性を日常に取り入れていくプロジェクトの中で、「地図」を使って頂くと、そのプロジェクト推進のサポートになると考えています。

ただ、この「地図」が様々なプロジェクトを推進する上で万能かというとそうではなく、今後も進化しなければいけない発展途中であるということもありますし、何よりも、「地図」をプロジェクトで使って頂く皆さんそれぞれの「力」も必要になってきます。

本章では、これまで説明してきた「地図」を使ったプロジェクトの進め方の中で、チームに参加するメンバー個人が、どのような「力」を持っていると、チームとしての推進力がより強力になるかということについて説明していきたいと思います。

そのためにまず、本書のタイトルにも含まれている「データ分析」という言葉について私たちとしての考え方を説明します。

私たちにとって、「データ分析」という言葉は、本書で何度も登場してきた「技術の活用」という言葉とほぼ同義だと捉えています。

　私たちの考える「データ分析」と「技術の活用」の共通点は、「部分的なデータや材料から、全体を想像し、考察した上で、次の変化につなげていく」という点です。

　「データ」や「技術」はどこまで行っても部分的にしか捉えることができません。時間が経てばどんどん新しいものがでてきますし、組み合わせを考えると無限にパターンがでてきます。そもそも「データ」や「技術」の対象が広がっていく可能性もあります。データは数字だけではありません。調べたり聞いたりした情報、見えている画像や映像、個人が五感で得た情報や感情もデータになり得ます。技術も、個人や企業が保有する能力やスキル全てが対象になってくるかもしれません。「データ」も「技術」も定義によって、網羅するには途方もない範囲に広がっていきます。

　そんな部分的にしか捉えられないデータや技術という材料を元に、できるだけ全体像を想像できるよう可視化し、それだけに留まらず、次の変化につなげられるような考察までを導き出すことが、「データ分析」と「技術の活用」の大きなテーマだと私たちは考えています。

　そして、データ分析と技術の活用が目指す「次の変化」というものは、その時々の状態や状況によってくるので一様には定まらない、つまり「正解がない」ために、私たちは「地図」を使って考えることをおすすめしてきたわけです。

　しかし、「データ分析」も「技術の活用」も、その分野における専門的な知識やスキルがあるにも関わらず、それらを身につけるだけではうまく

プロジェクトを進めることができないのはなぜなのでしょうか。「正解が
ない」と言っても、高度な知識やスキルがあれば乗り切れるのではないで
しょうか。

▶ キーワードは「共創」です。

　私たちは、「地図」を使ったプロジェクトの推進力を強力にしていくた
めには、専門的な知識やスキルに加えて、プロジェクトチーム内でのメン
バー個人の「共創する力」が必要になると考えています。「共創」という
と会社間で行うというイメージがあるかもしれませんが、まずはメン
バー個人それぞれの「共創する力」が必要になるのです。

　ではなぜ専門的な知識やスキルだけでは足りなくなるのかというと、
一番の理由は「チームで動くから」です。

　ある個人が、自身の持つ高度で専門的な知識やスキルを使って何かし
らの結論に至ったとしても、プロジェクトには他のメンバーもいるので、
その結論を伝えなければいけません。その結論に至った背景や根拠を説
明しなければいけません。その説明が納得に足るものでなければいけま
せん。そして、その結論に向かってみんなで動いていかなければいけませ
ん。プロジェクトにおいてチームで動くためには、専門的な知識や能力だ
けではなく、チームで動くための力も合わせて必要になってくるのです。
　私たちは、このようにチームで動くために必要となる力を「共創する
力」と呼び、「地図」と共にプロジェクトを進める上で大切にしています。

　つまり、「データ分析」と「技術の活用」をテーマにしたプロジェクト
は、どちらも「部分的なデータや材料から、全体を想像し、考察した上で、
次の変化につなげていく」ということを「チームで動かしていく」という
点において共通しており、それゆえ、専門的な知識やスキルを保有してい
たとしても、「地図」を使ってその時々の状況・状態に合わせて考え、「共
創する力」を使って、他のメンバーを巻き込みながら進めていくことが大
切になります。

　ちなみに、「データ分析」と「技術の活用」の目指している先として「次
の変化」という言葉を使っている理由は、「正解がない時代」において企
業やビジネスがとるアクションは全て「変化」だと考えているからです。
　そして、「変化」というアクションを取り続けようとしていくことが、
「正解がない時代」における心構えです。

　「正解がない時代」つまり、突然の環境変化や予測不能の事態がいつ起
きるかわからない環境下で、その都度柔軟に対応できるよう構えておく
ためには、常時「変化できる状態」にしておく必要があります。

　変化しなければいけないタイミングがいつ訪れるかわからない中で
「変化できる状態」にしておくためには、必要な時まで変化しないままで
いるよりも、普段から変化し続けておくことのほうが賢明です。

　変化し続けようとした場合、そのための最も直接的な方法は、「自分た
ちのやり方を変え続ける」ということですが、同じやり方を続けて慣れて
くるとそのやり方を変えたくないと思うものですし、自分たちだけで湧
水のように新しいやり方のアイデアを途絶えることなく生み出していく
ことは至難ですので、パートナーとなる人材や企業が欲しくなります。

　つまり、「データ分析」や「技術の活用」をテーマにしたプロジェクトは
「チームで動く」と説明しましたが、その「チーム」というのは、社内のメ

6

プロジェクトの推進力を高める「共創する力」

ンバーだけのことを指すのではなく、共に変化し続けることを望むパートナー企業や人材などを取り込むことも視野に入れた「連合チーム」のことであり、それら個々の力だけではなく、互いに「相乗効果」を生めるような動き方が必要になります。

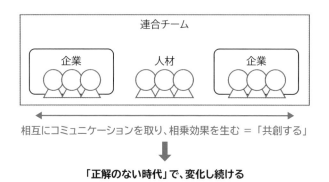

相互にコミュニケーションを取り、相乗効果を生む ＝「共創する」

「正解のない時代」で、変化し続ける

　私たちはプロジェクトを進めていくにあたって、この「相乗効果を生む」ことができるということが、「チームで動く」ことの最大のメリットだと考えています。

　チームというのは、「１＋１」が「２以上」の結果を生むことができるようになる可能性があるものです。
　「地図」を使って進めていくプロジェクトのように、正解がない中で試行錯誤をしていく場合には、なおさらメンバー個別の能力だけではなく、「チームとしての相乗効果」が必要になります。

　それは複数の企業が関わるプロジェクトでも同様です。
　例えば、ある企業のプロジェクトにいくつかの企業が関わっていたとして、関わっている側の企業がプロジェクトオーナーとなっている企業の出した指示通りにしか動かなかったとしたら、せっかく関わっている企業のパワーをプロジェクトにあまり活かせていないことになります。
プロジェクトの目指す方向や進め方を理解し共感してもらった上で、「こ

ういう動き方をしたらもっとよくなるかも」「こういうことも同時に進め
たらどうだろうか」と積極的に提案するようになれば、そのプロジェクト
のパワーが何倍にもなっていくのではないでしょうか。

　このように、それぞれが専門的な知識・スキルを持った企業や人材の
「連合チーム」が、互いに相乗効果を引き出しながらプロジェクトを進め
ていくために、チームメンバー個人それぞれの「共創する力」というもの
が必要になってきます。

　ではここからはその「共創する力」について説明していきます。

6▶2 | 「共創する力」の核となる 「メンバーを理解する力」

　プロジェクトにおいてチームで動いていくためには、まず「メンバー」についてきちんと理解する必要があります。

　チームで動く際、チームメンバーそれぞれがプロジェクトにおけるタスクや作業を担当している中で、お互いがやっていることに無関心だと、「他のメンバーがそんな方向に進んでいるなんて知らなかったから全然違う方向に進んでしまっていた」であったり、「あっちのチームがやってくれていると思っていた」「気づいたら他の人と重複して同じことをしてしまっていた」などという事態が発生してしまいかねません。

　お互いに理解していれば、常に進む方向をすり合わせながら協力し合うことができるので、より効率的かつ推進力をもって、チームで進めていくことができるようになります。

　そして、そのようにチームで進めていくことができる状態になることで、これまでお話ししてきた「地図」がより活きることになるのです。

　さて、メンバーについてきちんと理解しようとするのであれば、そのメンバーについて知らないままではいけませんので、その人に様々なことを聞いていく必要があります。つまりヒアリングをすることになります。

　では、チームで動く上で「メンバーを理解する」ためのヒアリングでは、いったい何を聞けばよいのでしょうか。私たちは大きく分けて、以下の4つの視点があると考えています。

| 誰が
（人） | どんな
特性をもっていて | 何を
やっているのか | そして、それらが今後
どうなっていくのか |

これらを聞くことによって、チームとして一緒に動くのであればより足並みが揃いやすくなりますし、そのチームに対して価値を出そうとするのであればよりその精度が高くなります。

▶「メンバーを理解する力」の軸となる「人」

メンバーについて理解するためには、その人個人に注目する必要があります。組織やチーム、役職など、組織内においてはわかりやすい呼称がその人に付けられているかもしれませんが、そのわかりやすさゆえに大事なところを見落としてしまいます。

| 誰が
（人） | どんな
特性をもっていて | 何を
やっているのか | そして、それらが今後
どうなっていくのか |

例えば、その人が営業部に所属していたとして、「営業部のひとは何をしているの？」と聞いてしまうと、「営業しているよ」という回答になってしまいかねません。それでは「その人」を理解することはできません。「営業部の中でもあなたは何をしている？」と聞くと、「このお客さまにこういうアプローチをしている」という話が聞けるかもしれません。

これはプロジェクトを共にする他の企業について理解する際も同様です。「その企業が何をしているのか」だけを聞くだけでは、一緒に動いていく「メンバー」を理解することにはなりません。その企業にはどんな組

織があり、各組織に何人ずつ所属していて、それぞれどんな人がいるのか、その上で一緒に動くメンバーはどのような人なのか、という個人レベルに落とし込んで聞いていくことで、共創するための理解が深まっていきます。

▶ その人の「特性」

前述した「個人」に焦点を当てて聞いていく際、その人が「何を言っているか」だけではなく、「どんな特性を持った人なのか」ということを引き出すことが大切です。

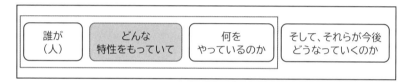

これまでどんな経験をしてきたのか、どんな知識やスキルを持っているのか、今後どんなことをしていきたいと思っているのか、プロジェクトや会社・事業についてどのように認識しているのか、などがその人の特性を引き出す質問です。加えてその人のコミュニケーションの取り方なども観察しながら、「その人らしさ」を発見していけるとよいでしょう。いざ一緒に仕事をするため「巻き込もう」とした時に、「その人らしさ」をいくつも発見できていると、共感ポイントになったり説得材料になったりするので、ものすごく巻き込みやすくなります。

例えば、これまで経験してこなかったが、今回のプロジェクトをきっかけに分析スキルを伸ばしたいと考えている人がいるとしましょう。

そのような場合、プロジェクトの中の分析部分の議論に混ざってもらうことで、他の業務の部分でもより協力的に動いてもらえるようになるかもしれません。また、もし自分にその人が欲する分析スキルがあり、逆にその人に自分が欲しい新規事業推進スキルがあったとしたら、お互い

空き時間で教え合ってみることで、連帯感が増すかもしれません。

　企業についても同様です。その企業が「何をやっているのか」だけではなく、これまでどんな歴史を辿り、どんな文化や価値観を持っていて、今後どうなっていきたいと思っているのか、などということにも焦点をあてると、より理解が深まり、関係性を築くことができることでしょう。

　ちなみに、その人の能力という意味では、業務に紐づく専門的な知識やスキルだけではなく、ここでお話ししている「共創する力」という視点でみることも「その人らしさ」の発見につながることがあります。「どのようにチームメンバーと連携して進めていくタイプか」「チームメンバーをどんな巻き込み方をするタイプか」など、各メンバーの「共創する力」を推し量りながらも、共に高めていけると、さらにプロジェクトをパワーアップさせることができます。

▶ より具体的に「何をやっているか」について聞く

　その人個人に焦点を当て、特性も理解した上で、いざ「何をやっているか」について聞いていくわけですが、こちらについても理解するためのポイントがあります。

誰が（人）	どんな特性をもっていて	何をやっているのか	そして、それらが今後どうなっていくのか

　普段その業務や作業をやっている人が、ほぼ関わっていない人に説明しようとすると、簡略化して要点だけ伝えようとします。しかし、略してしまった部分にも理解しておきたい内容があります。例えば、その人の業務における困りごとを聞こうとした時、業務のステップだけではなく、使っているツールや帳票なども合わせて聞かないと、困りごとの詳細を

理解することができません。業務のステップは問題ないが、ツールが使いにくいかもしれません。帳票の中に本来必要のない記載事項が残っているために時間がかかっているかもしれません。では、どのように聞くと良いかというと、「自分が新入社員になって明日からそれをやる気持ちになること」を心がけることをおすすめしています。自分がその業務や作業を明日からやるのだとイメージしながら聞くことで、より具体的に「何をやっているか」について聞くことができます。

そうして「やっていること」のより詳細な材料を集めた上で、2章でも説明した「業務構造の理解」のように、全体をパーツで因数分解した状態に整理していくと、業務や作業の全体を理解していくことができます。

ただ、業務や作業を理解しようと意識して聞いていくと、「その人の」やっていることの「全体の視点」が抜け落ちることがあります。例えば、その人がやっている1つの業務や作業について詳しくヒアリングして理解できたとしても、その人が実は2つのことを担当していたら、もう1つについて聞きそびれてしまっていることになります。

そのためにも、その業務や作業にのみ集中して聞くのではなく、あくまで「その人」が「何をやっているか」という「個人」の視点を必ず意識して、例えば1週間で何をやっているのか、1ヶ月で何をやっているのか、というような確認で、「やっていること」の「全体」を拾いきれるように聞いていくことを意識してみてください。

▶ 「今」だけではなく「今後どうなっていきそうか」についての材料も集める

ここまでは、先ほどお見せした「ヒアリングする際の4つの視点」の図における左3つについて説明してきました。ただ、この3つは「現状」についてでしたが、現状だけの理解では、「理解し合う」というところまで達成できません。現状にとどまらず、それらが今後どうなっていくのかという「将来」の視点も必要になってきます。

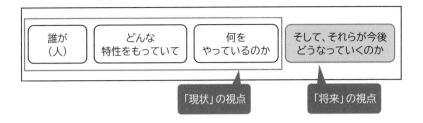

なぜ「将来」の視点が必要になるかというと、例えば極端な話、ヒアリングした業務が明日無くなるとしたら、現状の理解が意味をなさなくなってしまいます。無くならないとしても、徐々に変化が必要となる要因が発生するかもしれません。ヒアリングで話を聞かせてもらう側も、少し先を見据えて、その内容について意見を交わすことで、より「その人」についての理解が深くなります。

そんな将来の視点でヒアリングをする際のポイントは、「自分自身でも考える」ということです。その人自身が思っている今後についての話も参考にしつつ、あくまでそれらを材料にしながら自分なりにも将来を見据えておくことが大切だと思っています。そのためには、これまでの「現状」の話も含め、聞いた言葉をそのまま飲み込まず、自分なりに考察してみることが大切です。

おすすめの方法は、自分の経験に照らし合わせてみることです。「今聞いた話は自分のこの経験に近そうだけど、だとしたらこういう事もありうるのではないか」「自分の経験したこの事とこの部分が似ているので、であれば自分の経験した事と同じようにこういうことが起きるのではないか」といったように、自分の経験との類似点や差異点を探りながらヒアリングできると、考察につながりやすくなります。

▶ 共創する力としての「メンバーを理解する力」まとめ

ヒアリングの目的は、「共創」つまり「チームで動いていく」ためにメンバーを理解することです。「ただ聞くことだけ」にヒアリングが終始して

6

プロジェクトの推進力を高める「共創する力」

しまい、相手に「聞いてくるだけの人だな」と思わせてしまっては、本来の「チームで動いていく」という目的につながっていきません。ヒアリングはあくまできっかけで、そのヒアリングの場で言葉を交わすことにより、結果的に、「この人は自分が見切れない部分を見てくれるかもしれない」「この人に理解してもらうとうまく進んでいくかもしれない」「力を合わせていきたい」と思ってもらうことが大切です。

そのため、ヒアリングの中で「特性としてのその人らしさ」を自分なりに発見したり、「将来どうなっていくか」について自分なりに考察してみることが必要で、自分なりに考えたことをぶつけて議論してみることが大切なのです。ヒアリングで聞けた話を材料にしながら、「その人」の全体像をできるだけ理解した上で、今後進んでいく道について一緒に考えていけると理想的です。

そういう意味では、このヒアリングも、「部分的なデータや材料から、全体を想像し、考察した上で、次の変化につなげていく」という考え方とまったく同じで、メンバー個人に関わる情報や印象から、どのように理解するかということが大切なのです。

6▶3 もう1つの共創する力としての「高い視点で見続ける力」

　前述の「メンバーを理解する力」は、チームの最小単位であるメンバー個々人に焦点を当てることで他のメンバーとコミュニケーションを取りやすくしたりメンバーを巻き込んだりする力でしたが、プロジェクトの一員として主導的にチームを動かしていくためには、プロジェクトチーム全体を俯瞰することも大切になってきます。

　「地図」は、プロジェクトの現在地や目的地をチームで議論しやすくするためのものですが、議論する前提として、チームメンバーそれぞれがチームの現在地や目的地に対する仮説がないと議論が建設的になりません。

　例えば、プロジェクトのキックオフとして第１回の定例会議で「地図」を見ながら、「まずどの部分を進めていくのがよいだろうか」という議題があったとしても、会議に呼ばれたメンバーがその議題に対して一切仮説がないと、「まだよくわかりません」という反応しかできず、それではせっかく会議に集まっても議論になりません。会議に呼ばれた時点で考えるために必要な情報が揃っていなくても、「今ある情報だけで考えるなら、自分だったらこう捉えて、こう進めたらいいんじゃないかと思う」という仮説を持っておけば、議論の質がぐんと上がります。この議論の質の積み重ねが、チームとしての推進力を高めていくことにつながるのではないでしょうか。

　プロジェクトやメンバーについての情報を集め、理解をした上で、プロジェクト全体を「高い視点で見続ける」ことでチームのコミュニケーションの質を高めていくことができる力がもう１つの「共創する力」です。

6

プロジェクトの推進力を高める「共創する力」

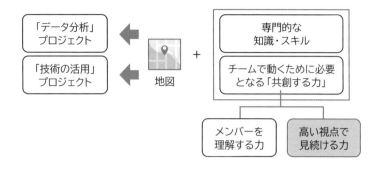

　では、どのようにしたら「高い視点で見続ける」ことができるのでしょうか。キーワードは「より広く」「より先を」「点ではなく線と捉えて見続ける」という3点です。

▶ 高い視点で「より広く」見る

　例えば「AI導入プロジェクト」に呼ばれたとして、このAIというのは何を指しているのだろうか、「AI以外」や「導入以外」についてはプロジェクト対象外なのだろうか、と与えられた情報の周辺を含めて考えることで、プロジェクトの本来の姿を捉えやすくなります。実は、「新しい事業をつくりたい」と考える中で、「最新技術を取り入れなければいけないのでは」という思い込みから、「いったんAIに絞ってみた」という一時的な状況がたまたまテーマとして伝わってきたのかもしれません。であれば、テーマとして設定されているからといってAIだけを前提にせず、AIまわりを広く情報収集し、新しい事業の材料になりそうなものを頭に入れておいた方が、実際の議論はAIに限定したものであったとしても、より深い議論ができるようになります。

また、コミュニケーションをとる上で、言葉の定義も重要です。これは定義を正したり押し付けたりすることを言っているのではなく、「自分の定義と相手の定義が常に一致するものではない」というものです。

先ほどの例の「AI導入プロジェクト」の「導入」という言葉も、人によっては、既存の商品やサービスを「そのまま使う」と捉える人もいれば、技術の要素や考え方を「取り入れる」と捉える人もいると思います。

このように、伝わってきたり得られたりした情報の中心から考え得る「幅」をできるだけ広げ、実際のプロジェクトの範囲に限らず、そのために見ておくべき範囲の「全体」を考えておくことが、「より広く」見るということです。

▶ 高い視点で「より先を」見る

再び前述の「AI導入プロジェクト」を例に考えてみます。このプロジェクトはどうなっていくとよいのでしょうか？新規事業として成立させるとしても、既存の部署が運営する仕事に連結させて、一緒に運営していくのでしょうか。もしくは、新たな部署を立ち上げて運営していくのでしょうか。はたまた、別の企業とアライアンスを組んでいくことを見据えているのでしょうか。

それらを考えるためには、なぜこのプロジェクトが必要だったのかという「目的」を考えておくことが「より先を」見ることにつながります。

既存事業の今後の売上利益の不安から新規事業が必要なのか、既存事業をより確固たるものにするための後方支援として新規事業を位置付け

ようとしているのか、もしくは事業的な側面というよりも企業に関わる人たちの関係性を深める取り組みとして捉えているのか、といったような「目的」の可能性を見ることで、「いつまでに何をしてどうなっていると良いのか」という視点につながっていきます。

そういった目的に沿った「より先を」見る視点があると、「地図」を見る際にも、フェーズの切り替え時期や検証すべき事柄の粒度などを念頭に議論することができると思います。

▶「点ではなく線と捉えて」高い視点で「見続ける」

さて、チームでのコミュニケーションの質を高めるべく、チーム全体を俯瞰するためには、「より広く」「より先を」見るだけではなく、もう一つ大切なキーワードがあります。それは「見続ける」ということです。

「地図」を使ったプロジェクトにおいても特に大切なのが、この「見続ける」という点です。正解がないため、常に自分の状況と状態を見極め、目指すべき方向性を考えていくプロジェクトでは、その議論や検討がプロジェクトが続く限り継続して行われることになります。

そのため、「高い視点で見る」ということも、例えばプロジェクト開始時のキックオフのタイミングや、事業計画を作成するタイミングにだけ考えればよいわけではなく、プロジェクトを進めながら、常に考え「続ける」ことが必要になります。

前述の、「より広く」見ることも「より先を」見ることも、ある一時点だけ見ればよいのではなく、終わりのない線のように、どんなタイミングでも見続けられることが重要です。

「より広く」「より先を」見続けていくことで、ちょっとした変化を見落とさなくなったり、小さなチャンスを逃さずに掴もうとしたりすることができるようになると思います。

▶「高い視点で見続ける力」まとめ

「高い視点で見続ける」目的は、その時々の限られた情報から自分なりの仮説を立てて、議論などのコミュニケーションの質を上げることです。

他のチームメンバーに対しても、一緒に動く企業に対しても、「高い視点で見続ける」ことにより考え出される仮説を交わせるようになると、正解がなかったとしても、プロジェクトを主導的に前に進ませ続ける一員になれるようになるでしょう。

▶「共創する力」まとめ

本書では、私たちの「地図」という考え方と、個人に求められる「共創する力」について説明してきました。

正解がない時代だからこそ、技術を活用しつつ、プロジェクトとしてチームで動きながら、自分たちに必要な変化を模索していく必要があるということをお伝えしてきました。そんな模索の「旅」のサポートに、本書を活用してみてください。

正解がない中で
プロジェクトを進めるための 「地図」

（地図を使いながら）
企業やメンバーが互いにコミュニケーションを 「共創する力」
取り相乗効果を生むための

それぞれが専門的な知識・スキルを持った企業や人材が力を合わせ、
技術を活用しながら、正解のない時代で、変化し続ける

　本書を読んだ皆様が、様々なプロジェクトの中で「地図」を使いこな
し、「共創する力」を育んでいくことが重要だと考えています。
　その結果、「正解がない時代」において、新たな価値創出が溢れる社会
になっていくと信じています。

　そして、もし機会があれば、私たちと一緒に「チーム」になり、様々な
社会の課題やニーズに向き合い、イノベーションの火を灯し続ける社会
を実現していきましょう。

「高い視点で見続ける」という考え方を説明する際に、「ホームページをつくりたいという相談を受けたら」という例を出します。

あくまで例え話としてですが、もしこのようなご相談を頂いたら、私たちは「つくらないほうが良いのではないでしょうか」と一次回答することが多く、その回答の理由がまさに「高い視点で見続ける」の考え方なので、簡単に紹介します。

◆「つくらない方が良い」と一次回答する理由（1）

「ホームページをつくりたい」と思っている時、「ホームページをつくったら多くの人に見てもらえる」という期待が伴ってしまっていることがあります。

しかし、ホームページ自体には「誰かに届ける機能」は備わっていないため、ホームページをつくっただけではほとんど見てもらえません。ホームページの完成度や品質とは無関係に、ホームページとは別に「届けるための施策」を打っていく必要があるのです。

つまり、「誰かに何かを伝えたい」と思うのであれば、「伝えたい相手に、さまざまな手段で届けられるように試みながら、届いた時に適切に伝えたいことが伝わるようなコミュニケーション」の全体を思い描くべきであり、ホームページという「伝えたいことを記すもの」はその一部にすぎないのです。

そのため、本来コミュニケーション全体によって中長期的に得ていく効果を、部分的でしかないホームページをつくった瞬間「だけ」に期待してしまうことで、拙速に「失敗」と捉えてしまい、コミュニケーション全体の検討へ移ることができないまま、ホームページをきっかけに得られたはずの効果を取りこぼしてしまうリスクがあるという意図で、「つくらない方が良いのではないか」という一次回答をするわけです。

◆「つくらない方が良い」と一次回答する理由（2）

また、そもそもホームページにおいて「何を実現したいのか」という目的が抜けてしまっていることがあります。「今の時代、ホームページくらい無ければいけない」という気持ちや焦りが先行してしまうのかもしれません。

しかし、実現したいことが無ければ、つくる必要は無いのではないでしょ

うか。それこそ今の時代、何かを伝えるだけであれば、ホームページ以外にもSNSなどさまざまな手段があります。SNSをきちんと運用していれば、ホームページは不要かもしれません。

　また、実際ホームページをつくる段階になった際にも、「誰に何を伝えたいのか」などの目的が設計の核になるはずです。シンプルにつくるなら、「伝えたいこと」のキーワードがホームページの1st view（トップページの最上部）にくるはずです。それが無い中でつくると、何も伝えられない空っぽのホームページができてしまいます。空っぽのホームページを見せることで逆にマイナスの印象を与えるかもしれません。

　もし、伝えたいことが無い、もしくは曖昧なのであれば、まずつくるべきはホームページではなくプレゼン資料なのかもしれません。会社のホームページであれば会社概要の資料や、商品やサービスのホームページであればその説明資料において、「伝えたいこと」が明確になっていれば、それをホームページ「にも」転じることができます。

　つまり、「何を実現したいのか」「誰に何を伝えたいのか」という目的がないままホームページをつくってしまうことで、何のためのものなのかよくわからない、まったく使われないものに予算を使ってしまうリスクがあるというのが、「つくらない方が良いのではないか」という一次回答をする2つめの意図です。

◆「つくらない方が良い」と一次回答する理由（3）

　ただ前述の話は、「いったんつくってみること」を否定するものではありません。必ずしも「つくる前に目的を考えるべき」と主張したいわけではなく、むしろ目的を熟考する前につくってみたほうがいいと総合的には考えていますが、もし「いったんつくってみる」のであれば、簡易に修正していけるような心構えをしておいたほうがいいというのが、3つめの意図です。

　目的を熟考しなくても「いったんつくってみること」が良いと思うのは、そのことで見えてくることがあるからです。形にしてみると、それを目にした時の自分たちの気持ちや周りの反応などを受けて、「やっぱりこうしたほうがいいかも」というアイデアが浮かんできやすくなります。

　そのため、「いったんつくってみる」を先行させるならば、必然的に、その後どんどん改善していくことがセットになります。そして、後追いで目的や

伝えたいことが固まってくる中で、それらを反映させながら、より良いものに近づけていくことになります。

そう考えると、つくり方的にも予算的にも、その後の改善を見据えた方が良く、100点満点で言えば、10点くらいのものを「いったんつくってみる」くらいのイメージで良いでしょう。「いったんつくってみたもの」にも関わらず、この時点での品質の評価に注力してしまい、プロジェクトが頓挫してしまうリスクがあります。

これは、特に、他者に丸投げした場合などには、評論になりがちで、改善サイクルに入れないことが多いです。

「期待効果」や「目的」を設定せず、「いったんつくってみる」という選択をとるのであれば、その進め方であることを確認してもらいたいというのが3つ目です。

いかがでしょうか。これら3つの理由は、「高い視点で見続ける」という話の中で説明させていただいた3つのキーワードとつながっているように見えないでしょうか？

「ホームページをつくりたい」というご相談を、「AIなどの最新技術を導入したい」「新規事業がしたい」「業務改善がしたい」などに置き換えても同様だと思います。

「全体で追い求めていく効果を、単一の施策に期待していませんか？」
「その先に何を目指してそれをするのか明確になっていますか？」
「いったんやってみるなら、それは完成ではなく出発点と理解して、その後の長い改善を見据えていますか？」

これらの視点で見ていくことが「高い視点で見続ける」こと、つまり「より広く」「より先を」「点ではなく線で捉えて見続ける」ということです。

私たちが様々なプロジェクトに関わる際も、意識的にこの3つの視点に気をつけながら参加しています。

6

プロジェクトの推進力を高める「共創する力」

おわりに

みなさん、如何でしたか？

6章に渡る長い旅も終わりを迎え、デジタル技術の活用、ひいては、新規事業プロジェクトの進め方を少しでもイメージできるようになっていただけていると嬉しいです。

ここまで、読んでいただいた皆様には、お分かりかと思いますが、プロジェクトの進め方に正解はありません。いくつもの状態や状況が存在し、その数に対していくつもの進め方の選択肢が存在します。また、今回紹介した技術の選択肢は、数えるほどしかなく、全てを網羅することはできませんでした。しかし、進め方のイメージをつかんでいただくことができれば、技術の選択肢は、自然と調べることができるようになるのではないでしょうか。他の技術を探すということは、「今なにをすべきか」の選択肢の1つに過ぎないのです。

本章の中でも少し触れましたが、私たちが提示した「地図」も正解ではありません。皆さんの、状態や状況に合わせて、「地図」をアップデートしながら、より良い「地図」をつくっていってください。それは本書を通してお伝えしたかった大事なことの1つです。

私たちは、この本を執筆するにあたって、多くの議論をしてきました。まさに、この本自身、私たちの状況に合わせて、一緒につくりあげてきたものです。これは、私たち著者だけではなく、クライアントの皆様、会社のメンバーとの共創の力が生んだものです。自分たち自身が、共創の力に触れ、また、地図の可能性を再認識することができました。

本書の執筆にあたり、多くの方々のご支援をいただきました。株式会社Iroribiのパートナーとして、関わってくださっている鈴木浩さん、山本昌寛さん、三木孝行さんには、エンジニア/データサイエンティストの視点で、的確なアドバイスをいただきました。また、Iroribiのロゴデザインを担当してくださったスタミさんには、地図のイメージの具体化やデザインに協力いただきました。プロジェクトの進め方の視点では、小倉研太さ

ん、成島宏和さんに、ビジネスの現場でのコンサルティングやプロジェクト推進の経験をもとにアドバイスをいただきました。篠田薫さんには、メディア戦略の専門家として、良い本を読者に届けるという視点で、忌憚のないご意見やアドバイスをいただきました。

　そして最後に、Iroribiのメンバーである、吉田周平さん、伊藤淳二さん、中村智さん、森將さん、大塚亮治さんには、企画段階やまだ不完全なプロトタイプの段階から、共に議論を重ね、本書を一緒につくりあげていただきました。

　繰り返しになりますが、本書は、皆さんとのご協力のもと、一緒につくりあげてきたものです。心から感謝申し上げます。

索引

▶ コラム索引

▶ 参考書籍

本書とともに、下記の本をご覧ください。

俯瞰で見る本書と、実践コードの書籍とで、よりいっそうの理解をいただけるかと思います。

・「Python実践 データ分析 100本ノック」
　　　（下山 輝昌、松田 雄馬、三木 孝行）
・「Python実践 機械学習システム 100本ノック」
　　　（下山 輝昌、三木 孝行、伊藤 淳二）
・「Python実践 データ加工/可視化 100本ノック」
　　　（下山 輝昌、伊藤 淳二、露木 宏志）
・「Python実践 AIモデル構築 100本ノック」
　　　（下山 輝昌、中村 智、高木 洋介）

著者略歴

下山 輝昌 (しもやま てるまさ)

　日本電気株式会社(NEC)の中央研究所にてデバイスの研究開発に従事した後、独立。機械学習を活用したデータ分析やダッシュボードデザイン等に裾野を広げ、データ分析コンサルタント/AIエンジニアとして幅広く案件に携わる。2021年にはテクノロジーとビジネスの橋渡しを行い、クライアントと一体となってビジネスを創出する株式会社Iroribiを創業。技術の幅の広さからくる効果的なデジタル技術の導入/活用に強みを持ちつつ、クライアントの新規事業やDX/AIプロジェクトを推進している。

　共著「Tableau データ分析~実践から活用まで~」等

川又 良夫 (かわまた よしお)

　アクセンチュア株式会社戦略グループにて、全社/事業/IT戦略などの幅広い戦略支援プロジェクトに従事。その後、グリー株式会社で運用部門の立ち上げ/マネジメントに携わったのち独立。いくつかのベンチャーの支援や企業の事業支援に関わりながら、株式会社Iroribiの経営方針策定に参画。市場、自社、技術の状況を、経営/現場の両面から把握し、会社の方向性策定、事業整理、仕組み化を推進している。

佐藤 百子 (さとう ももこ)

　ソーシャルベンチャー企業で、イベント及びイベントスペースの企画/運営/広報/管理など、創業期に必要となる業務を一通り経験したのちにフリーランスへ転向。NPOの広報事業に関わりながら、自らも羊毛フェルト講師として活動する等、幅広い経験をしつつも、人を楽にする可能性を持つテクノロジーに着目する。数社のテクノロジーベンチャー企業でのコーポレートスタッフを歴任した知見を活かして、株式会社Iroribiに創業前から参画。特に、現場スタッフに寄り添う視点と、テクノロジーに留まらない幅広い分野でのプロジェクト経験を武器に企画、組織づくりを支援している。

本書サポートページ

秀和システムのウェブサイト
https://www.shuwasystem.co.jp/

本書ウェブページ
https://www.shuwasystem.co.jp/support/7980html/6763.html

データ分析プロジェクト
実践トレーニング

発行日	2022年　7月22日	第1版第1刷

著　者　下山　輝昌／川又　良夫／佐藤　百子

発行者　斉藤　和邦

発行所　株式会社　秀和システム

　　　　〒135-0016

　　　　東京都江東区東陽2-4-2　新宮ビル2F

　　　　Tel 03-6264-3105（販売）Fax 03-6264-3094

印刷所　三松堂印刷株式会社　　　　Printed in Japan

ISBN978-4-7980-6763-6 C3055